高等职业教育新形态精品教材

定制家具设计

主　编　李炳顺
副主编　王　慧　汪继锋　陈　英
参　编　彭　磊　邵爱民　唐　磊
　　　　陈香草　王　欣

CUSTOM FURNITURE DESIGN

北京理工大学出版社
BEIJING INSTITUTE OF TECHNOLOGY PRESS

内容提要

本书是国家教学资源库"建筑室内设计"中"定制家具设计"课程的配套教材，由学校教师、企业设计师、软件开发工程师等基于行业新理念、新软件、新工艺共同开发。本书以室内设计师岗位工作任务为主要内容，以定制家具设计的工作过程为主线，结合行业的新技术和优质案例整理编写而成。本书主要由定制家具设计基础认知和定制柜体设计实战两部分组成，共分为 8 个项目、32 个任务。

本书可作为高等院校建筑室内设计专业、建筑装饰工程技术专业和其他相近专业的教材，也可作为建筑类本科建筑设计相关专业的教学用书，还可作为建筑装饰设计师、软装设计师、定制家具设计师的培训及参考用书，特别适用于定制家具设计岗位从业者及初学者。

版权专有　侵权必究

图书在版编目（CIP）数据

定制家具设计 / 李炳顺主编 .-- 北京：北京理工大学出版社，2022.7（2022.8 重印）

ISBN 978-7-5763-1503-5

Ⅰ . ①定… Ⅱ . ①李… Ⅲ . ①家具－设计 Ⅳ . ① TS664.01

中国版本图书馆 CIP 数据核字（2022）第 123576 号

出版发行 / 北京理工大学出版社有限责任公司
社　　址 / 北京市海淀区中关村南大街 5 号
邮　　编 / 100081
电　　话 /（010）68914775（总编室）
　　　　　（010）82562903（教材售后服务热线）
　　　　　（010）68944723（其他图书服务热线）
网　　址 / http://www.bitpress.com.cn
经　　销 / 全国各地新华书店
印　　刷 / 河北鑫彩博图印刷有限公司
开　　本 / 889 毫米 ×1194 毫米　1/16
印　　张 / 8.5
字　　数 / 235 千字
版　　次 / 2022 年 7 月第 1 版　2022 年 8 月第 2 次印刷
定　　价 / 59.00 元

责任编辑 / 钟　博
文案编辑 / 钟　博
责任校对 / 周瑞红
责任印制 / 王美丽

图书出现印装质量问题，请拨打售后服务热线，本社负责调换

前言 PREFACE

高等教育以立德树人为根本任务，培养符合产业发展需要的高技能人才。人才培养要遵循教育规律、人才成长规律，还必须尊重职业能力和职业素质养成规律。编者以"兴趣引入、职业导向、任务驱动"为原则，落实"以学生发展为中心"的理念，对定制家具设计理论体系进行了重构，形成8个项目、32个任务，以真实工作任务导入，通过任务知识点讲解、任务实施、任务拓展、课后练习，使教材难度层层递进、学生能力螺旋提升。

（1）兴趣引入。针对学生学习兴趣不佳、积极性不高的现状，在本书编写中，编者关注学生的接受程度和学生的兴趣点，尊重学生的思维习惯和语言习惯，由易到难、由点到面，实现知识的重构和能力的逐级提升。通过完成一次次的教学任务，让学生拥有成就感，从而保持学习的热情。

（2）职业导向。职业教育重在培养学生的工作能力和职业素养。本书在编写过程中，一是严格遵循实际岗位的工作流程、标准和规范，引用来自设计一线的案例，方便师生将学习过程转变为工作过程，将学习结果转化为工作成果，将学习考核与成果交付有机结合，为打造具有职业教育特色的课堂奠定基础，让学生从一开始就以"职业人"的角色进入学习状态。二是通过课堂教学和数字资源的引导、教师匠心的带领、规范行为的约束，让学生在潜移默化的熏陶中，培养匠心精神和职业道德，提升职业素养。

（3）任务驱动。梅贻琦先生说："学校犹水也，师生犹鱼也，其行动犹游泳也，大鱼前导，小鱼尾随，是从游也。从游既久，其濡染观摩之效，自不求而至，不为而成。"本书以任务驱动贯穿始终，任务来自实际工作过程中的典型任务，又根据教学的需要进行切分、细化，分为模块、项目、任务。在课堂教学中师生以完成任务为目的，整个教学过程都指向任务的完成：知识点教学让学生掌握完成任务的知识，从知其然到知其所以然。技巧、技能讲解符合真实的操作规范，教学案例是真实的岗位任务，让教学过程成为真正的工作过程，既动手，又动脑；既有技能的要求，又有德行的约束，将学生看作一个完整的职业人去看待和培养。

本书是国家教学资源库"建设室内设计"中"定制家具设计"课程的配套教材。本书由李炳顺负责统稿，由李炳顺、王慧、汪继锋、陈英、彭磊、邵爱民、唐磊、陈香草、王欣共同完成调研、素材制作和教材编写。

本书在编写的过程中，得到了广东三维家信息科技有限公司和湖北海天时代科技股份有限公司的支持与协助，在此一并致谢！

由于编者水平有限，书中难免存在疏漏之处，恳请各位读者批评指正。

编　者

目录 CONTENTS

第一篇　定制家具设计基础认知

项目一　家具设计学前认知 …………… 002
任务一　家具行业的发展历程 ………… 002
任务二　家具设计工作流程 …………… 010
任务三　家具设计常用尺寸 …………… 011
任务四　现场量尺 ……………………… 013

项目二　定制家具部件认知 …………… 017
任务一　定制家具材料认知 …………… 017
任务二　柜门认知 ……………………… 019
任务三　定制家具五金件认知 ………… 021

项目三　三维家基础设计 ……………… 026
任务一　软件基础操作 ………………… 026
任务二　创建户型、门窗 ……………… 031
任务三　空间基础设计 ………………… 037
任务四　成品家具设计 ………………… 041
任务五　基础渲染出图 ………………… 044

第二篇　定制柜体设计实战

项目四　门厅定制家具设计 …………… 050
任务一　门厅家具设计基础 …………… 050
任务二　定制整面高鞋柜设计 ………… 052
任务三　定制隔断柜设计 ……………… 055

项目五　客/餐厅定制家具设计 ……… 060
任务一　客/餐厅家具设计基础 ……… 060

任务二　定制电视柜设计 ……………… 062
任务三　定制酒柜设计 ………………… 066
任务四　定制装饰柜设计 ……………… 070

项目六　卧室定制家具设计 …………… 075
任务一　卧室家具设计基础 …………… 075
任务二　定制趟门衣柜设计 …………… 080
任务三　定制掩门衣柜设计 …………… 084
任务四　定制避梁包柱衣柜设计 ……… 088
任务五　定制U形衣帽间设计 ………… 093

项目七　书房定制家具设计 …………… 097
任务一　书房家具设计基础 …………… 097
任务二　定制独立式书柜设计 ………… 101
任务三　定制直角书桌组合设计 ……… 105
任务四　定制转角书桌组合设计 ……… 109
任务五　定制榻榻米组合设计 ………… 111

项目八　厨房、卫生间定制家具设计 … 116
任务一　厨房、卫生间家具设计基础 … 116
任务二　定制橱柜、吊柜设计 ………… 121
任务三　定制浴室柜设计 ……………… 126

附录 ……………………………………… 131
附录一　其他空间定制家具设计 ……… 131
附录二　全屋定制设计实战 …………… 131
附录三　三维家软件常用快捷键 ……… 131

参考文献 ………………………………… 132

第一篇
定制家具设计基础认知

PIECE ONE

PROJECT ONE

项目一　家具设计学前认知

知识目标

1. 了解中国古代家具和定制家具的发展历程；
2. 了解家具行业主要产品的分类；
3. 熟悉家具设计师的工作流程。

技能目标

1. 能熟练描述家具的风格及特征表现；
2. 能正确应用定制家具设计中的常用尺寸。

素质目标

1. 培养对中华传统家具文化的认同与崇敬感，激发爱国热情，坚定文化自信；
2. 培养对幸福生活的向往和对美好室内居住环境的追求；
3. 培养良好的团队协作能力。

任务一　家具行业的发展历程

任务知识点

中华文明传承上下五千年，家具也经历了漫长的发展与演变，创造出了灿烂辉煌的文化。岁月无痕，器物有印。中国古代家具的发展演变，与各族人民的生活习俗、礼制思想、建筑技术的发展紧密联系。纵观中国古代家具发展演变的历史，其大致可以分为起源、发展和成熟三大阶段。

一、中国古代家具的起源阶段

在这一阶段，家具发展可分为三期，即萌发于史前时期，产生于殷周时期，到汉代已形成组合完整的供席地起居的家具。

1. 夏、商、周：中国早期家具的雏形

从建筑技术上看，史前的居所是地穴式、半地穴式的低矮建筑，经殷商时期的发展，抬梁式的木构架已基本完备，使用了高台基，屋顶已铺瓦，室内空间逐步加大。在殷商以前人们就已发明了家具：席——榻之始；俎、几——案之始；禁——柜之始；扆——屏风之始。在夏、商、周阶段，整体文化氛围原始古拙，质朴浑厚。由于当时人们思想封建，相信鬼神的存在，所以家具的表面纹饰多为凶猛的饕餮纹，以求震慑鬼神，保护自身平安（图1-1）。

2. 春秋、战国时期：低矮的家具诞生

春秋时期，奴隶社会走向崩溃，整个社会向封建社会过渡，战国时期，生产力水平大有提高，人们的生存环境得到改善，家具的制造水平从而有很大提高。尤其在木材加工方面，出现了像鲁班这样的技术高超的工匠，促进了家具和木构建筑的发展。同时随着冶金技术的进步和炼铁技术的改进，出现了丰富的加工器械和工具（如铁制的锯、斧、钻、凿、铲、刨等），给木材加工带来了突飞猛进的变革，促进了家具的制造与改进。这个时期开启了家具雕刻的先河。春秋、战国时期归纳起来有四大贡献：一是出现了最有名的木匠——鲁班；二是出现了人类最重要的朋友——床；三是出现了铁制的锯、斧、钻、凿等器械；四是雕刻被广泛应用到家具装饰中，有浮雕和透雕等。

3. 秦汉时期：为"垂足而坐"奠定了基础

秦汉之前，几、案、衣架和床榻都很矮，人们都是席地而坐，直到中原地区与西域的交流渐深，胡床传入中原地区。胡床是一种形如马扎的坐具，后来发展成可折叠马扎、交椅等，为后来人们的"垂足而坐"奠定了基础（图1-2）。

图1-1　夏、商、周时期的家具

图1-2　胡床

二、中国古代家具的发展阶段

中国古代家具的发展阶段约自十六国到北宋。在这一阶段中，传统的席地起居习俗逐渐被废弃，垂足高坐日益流行，从而出现了与之相适应的家具形体由低向高的发展趋势。

1. 魏、晋、南北朝：高型家具出现

从西晋时起，跪坐的礼节观念渐渐淡薄。至南北朝，渐渐流行高型坐具，出现墩、椅、凳等高型家具，并有笥、簏（箱）等竹藤家具。在装饰方面，漆木家具装饰上使用绿沉漆，打破红黑漆的一统格局，佛教日兴，出现莲花纹、忍冬纹、飞天纹（图1-3）。

2. 隋唐及五代：高型家具盛典时期，高型、矮型家具并存发展

"贞观之治"带来了社会的稳定和文化上的空前繁荣。由于垂足而坐成为一种趋势，高型家具

迅速发展，形成流畅柔美、雍容华贵的唐式家具风格。如唐代月牙凳，体态端庄浑厚，造型别致新巧，装饰华丽精美，是最具大唐风采的家具。月牙凳与体态丰腴、雍容华贵的唐代贵妇人形象统一，可以说，月牙凳是唐代家具风格的代表（图1-4）。

图1-3　女史箴图（东晋）　　　　　　　　　图1-4　月牙凳

这一时期，家具向成套化发展，种类增多，大致可分为：坐卧类，如凳、椅、墩、床、榻等；凭椅、承物类，如几、案、桌等；贮藏类，如柜、箱、笥等；架具类，如衣架、巾架等；其他还有屏风等。

五代时期画家顾闳中的《韩熙载夜宴图》清晰地展示了五代时期家具的使用状况，其中有直背靠背椅、条案、屏风、床、榻、墩等（图1-5）。

三、中国古代家具的成熟阶段

图1-5　韩熙载夜宴图（顾闳中）

在这一阶段，高足家具占据了整个舞台，形成在艺术造型、工艺技巧和实用功能诸方面都日臻完美的明式家具，这一高潮一直延续到清代前期。

1. 宋、元时期：高/矮型家具较多、繁杂

宋代家具以造型淳朴纤秀、结构合理精细为主要特征。在结构上，壸门结构已被框架结构所代替；家具腿型断面多呈圆形或方形，构件之间大量采用割角榫、闭口不贯通榫等榫结合；柜、桌等较大的平面构件，常采用"攒边"的做法。此外，宋代家具还重视外形尺寸和结构与人体的关系，工艺严谨，造型优美，使用方便。观其外简洁刚直，观其内隽永挺秀，与宋人简洁朴素的审美观契合。宋代出现了中国最早的组合家具，称为燕几。

2. 明代：中国古代家具的鼎盛时期

这一时期手工业进一步发展，文人雅士参与室内设计和家具造型研究。古代文人对生活的理解很独到，对产品的造型、加工要求更加严苛，促使中式家具从形态到神韵的进化，将中国古代家具艺术升华到巅峰。明代家具历经几百年的变迁，流传至今，在继承宋代家具传统的基础上，发扬光大，推陈出新，不仅种类齐全，款式繁多，而且用材考究，造型朴实大方，制作严谨准确，结构合理规范，主要表现为榫卯结构的精密与科学合理，逐渐形成稳定、鲜明的家具风格，把中国古代家具推向鼎盛时期（图1-6）。

3. 清代：中国古代家具的衰退期，装饰手法史无前例

清初家具沿袭明代家具风格，用料更为丰盈。除用硬木外，还选用优质软木。乾隆时期，家具

1. 夏、商、周：中国早期家具的雏形

从建筑技术上看，史前的居所是地穴式、半地穴式的低矮建筑，经殷商时期的发展，抬梁式的木构架已基本完备，使用了高台基，屋顶已铺瓦，室内空间逐步加大。在殷商以前人们就已发明了家具：席——榻之始；俎、几——案之始；禁——柜之始；扆——屏风之始。在夏、商、周阶段，整体文化氛围原始古拙，质朴浑厚。由于当时人们思想封建，相信鬼神的存在，所以家具的表面纹饰多为凶猛的饕餮纹，以求震慑鬼神，保护自身平安（图1-1）。

2. 春秋、战国时期：低矮的家具诞生

春秋时期，奴隶社会走向崩溃，整个社会向封建社会过渡。战国时期，生产力水平大有提高，人们的生存环境得到改善，家具的制造水平从而有很大提高。尤其在木材加工方面，出现了像鲁班这样的技术高超的工匠，促进了家具和木构建筑的发展。同时随着冶金技术的进步和炼铁技术的改进，出现了丰富的加工器械和工具（如铁制的锯、斧、钻、凿、铲、刨等），给木材加工带来了突飞猛进的变革，促进了家具的制造与改进。这个时期开启了家具雕刻的先河。春秋、战国时期归纳起来有四大贡献：一是出现了最有名的木匠——鲁班；二是出现了人类最重要的朋友——床；三是出现了铁制的锯、斧、钻、凿等器械；四是雕刻被广泛应用到家具装饰中，有浮雕和透雕等。

3. 秦汉时期：为"垂足而坐"奠定了基础

秦汉之前，几、案、衣架和床榻都很矮，人们都是席地而坐，直到中原地区与西域的交流渐深，胡床传入中原地区。胡床是一种形如马扎的坐具，后来发展成可折叠马扎、交椅等，为后来人们的"垂足而坐"奠定了基础（图1-2）。

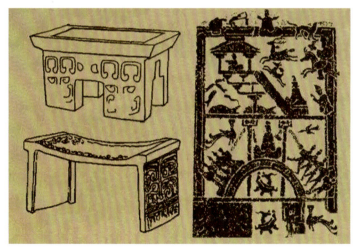

图1-1 夏、商、周时期的家具

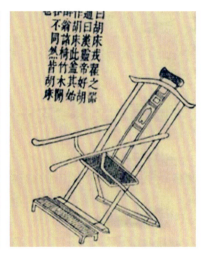

图1-2 胡床

二、中国古代家具的发展阶段

中国古代家具的发展阶段约自十六国到北宋。在这一阶段中，传统的席地起居习俗逐渐被废弃，垂足高坐日益流行，从而出现了与之相适应的家具形体由低向高的发展趋势。

1. 魏、晋、南北朝：高型家具出现

从西晋时起，跪坐的礼节观念渐渐淡薄。至南北朝，渐渐流行高型坐具，出现墩、椅、凳等高型家具，并有筒、簏（箱）等竹藤家具。在装饰方面，漆木家具装饰上使用绿沉漆，打破红黑漆的一统格局，佛教日兴，出现莲花纹、忍冬纹、飞天纹（图1-3）。

2. 隋唐及五代：高型家具盛典时期，高型、矮型家具并存发展

"贞观之治"带来了社会的稳定和文化上的空前繁荣。由于垂足而坐成为一种趋势，高型家具

迅速发展，形成流畅柔美、雍容华贵的唐式家具风格。如唐代月牙凳，体态端庄浑厚，造型别致新巧，装饰华丽精美，是最具大唐风采的家具。月牙凳与体态丰腴、雍容华贵的唐代贵妇人形象统一，可以说，月牙凳是唐代家具风格的代表（图1-4）。

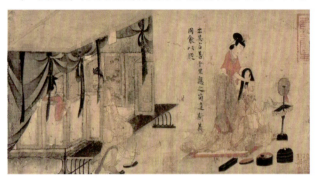
图1-3　女史箴图（东晋）

图1-4　月牙凳

这一时期，家具向成套化发展，种类增多，大致可分为：坐卧类，如凳、椅、墩、床、榻等；凭椅、承物类，如几、案、桌等；贮藏类，如柜、箱、笥等；架具类，如衣架、巾架等；其他还有屏风等。

五代时期画家顾闳中的《韩熙载夜宴图》清晰地展示了五代时期家具的使用状况，其中有直背靠背椅、条案、屏风、床、榻、墩等（图1-5）。

图1-5　韩熙载夜宴图（顾闳中）

三、中国古代家具的成熟阶段

在这一阶段，高足家具占据了整个舞台，形成在艺术造型、工艺技巧和实用功能诸方面都日臻完美的明式家具，这一高潮一直延续到清代前期。

1. 宋、元时期：高/矮型家具较多、繁杂

宋代家具以造型淳朴纤秀、结构合理精细为主要特征。在结构上，壸门结构已被框架结构所代替；家具腿型断面多呈圆形或方形，构件之间大量采用割角榫、闭口不贯通榫等榫结合；柜、桌等较大的平面构件，常采用"攒边"的做法。此外，宋代家具还重视外形尺寸和结构与人体的关系，工艺严谨，造型优美，使用方便。观其外简洁刚直，观其内隽永挺秀，与宋人简洁朴素的审美观契合。宋代出现了中国最早的组合家具，称为燕几。

2. 明代：中国古代家具的鼎盛时期

这一时期手工业进一步发展，文人雅士参与室内设计和家具造型研究。古代文人对生活的理解很独到，对产品的造型、加工要求更加严苛，促使中式家具从形态到神韵的进化，将中国古代家具艺术升华到巅峰。明代家具历经几百年的变迁，流传至今，在继承宋代家具传统的基础上，发扬光大，推陈出新，不仅种类齐全，款式繁多，而且用材考究，造型朴实大方，制作严谨准确，结构合理规范，主要表现为榫卯结构的精密与科学合理，逐渐形成稳定、鲜明的家具风格，把中国古代家具推向鼎盛时期（图1-6）。

3. 清代：中国古代家具的衰退期，装饰手法史无前例

清初家具沿袭明代家具风格，用料更为丰盈。除用硬木外，还选用优质软木。乾隆时期，家具

生产达到高峰，装饰手法之多样也史无前例。大体上可归纳为三点：一是多种材料并用，无论是雕、嵌、漆、绘，还是骨、木、竹、玉、瓷、珐琅，都为家具装饰服务；二是多种工艺结合，有浮雕与透雕的结合、雕与嵌的结合、雕嵌与描金的结合、雕嵌与点翠的结合；三是装饰"多"和"满"，追求光华富丽的富贵之感，有的过分追求奢侈，显得烦琐累赘（图1-7）。

图1-6　黄花梨卷草纹展腿方桌（明）　　　　图1-7　紫檀描金万福纹扶手椅（清）

四、家具风格及特征

家具是指家用器具，广义的家具是指人类维持正常生活、从事生产实践和开展社会活动必不可少的一类器具。狭义的家具是指在生活、工作或社会实践中供人们坐、卧或支撑与贮存物品的一类器具。

家具是由材料、结构、外观形式和功能四种因素组成的，其中功能是先导，是推动家具发展的动力；结构是主干，是实现功能的基础。这四种因素互相联系，又互相制约。家具是为了满足人们一定的物质需求和使用目的而设计与制作的，因此，家具还具有功能和外观形式方面的因素。

每一件家具都有一种风格，每一种风格都体现一种生活方式。目前主流的家具风格有中式家具、新中式家具、欧式家具（南欧）、北欧风格家具、美式家具、现代简约风格家具、田园乡村风格家具、东地中海风格家具、日式家具等。

1. 中式家具

中式家具秉承以宫廷建筑为代表的中国古典建筑的室内装饰设计艺术风格，气势恢弘，壮丽华贵。其造型讲究对称，色彩讲究对比，装饰材料以木材为主，图案多为龙、凤、龟、狮等，具有精雕细琢、瑰丽奇巧的特点。中式家具可细分为明式家具和清式家具。

2. 新中式家具

新中式家具在传统美学规范之下，运用现代的材质及工艺，去演绎中国传统文化中的经典精髓，不仅拥有典雅、端庄的中国气息，并具有明显的现代特征。新中式家具在设计形式上简化了许多，通过运用简单的几何形状来表现物体，是中国古代家具的现代化演变的成果。其融合了现代的元素，符合现代人的审美，满足现代人的欣赏习惯（图1-8）。

图1-8　新中式家具

3. 欧式家具

欧式家具（南欧）以巴洛克、洛可可等风格的家具为首要代表。"巴洛克"原是葡萄牙语"Baroque"，为珠宝商人用来描述珍珠表面光滑、圆润，且凹凸不平、扭曲的特征。巴洛克风格家具流行于17世纪至18世纪初。其追求动感、夸张与尺度，极富强烈、奇特的男性化装饰风格。巴洛克风格家具的主要特色是强调力度、变化和动感，非常注重手工精细的雕琢，十分讲究布艺的面料与质感，具有华丽的装饰、精美的造型，并装饰镀金铜饰、仿皮等，结构简练，线条流畅，色彩富丽，艺术感强，给人的整体感觉是华贵优雅，十分庄重。巴洛克风格家具集木工、雕刻、拼贴、镶嵌、旋木、缀织等多种技法为一体，追求豪华、宏伟、奔放、庄严和浪漫的艺术效果（图1-9）。

图1-9　巴洛克风格家具

洛可可风格家具于18世纪30年代逐渐代替巴洛克风格家具。由于其成长在法王路易十五统治的时代，故又称为"路易十五风格"。洛可可（Rococo）是法文"岩石"和"蚌壳"的复合，表达这种风格多以岩石和蚌壳装饰的特征。由于洛可可风格是中国明清式设计风格影响的结果，所以在法国又被称为中国装饰。蓬帕杜夫人作为路易十五时期20余年的法国实际皇后，她成了洛可可风尚当之无愧的主导者和推动者。这一时期实现了从男性化的巴洛克艺术风格向温婉秀丽女性化的洛可可风格的完全转变。洛可可风格家具更多地使用植物图案、钟乳石、卷轴、叶板形装饰、奇异风格图案、花卉或动物图案设计（图1-10、图1-11）。

图1-10　洛可可风格宝石桌　　　　　　图1-11　洛可可风格写字桌

4. 北欧风格家具

北欧风格家具线条十分简约优美，做工精细，喜好纯色，大多由原木制成，保有木头的纹路和触感，形成了以自然简约为主的独特风格（图1-12）。北欧风格家具分为瑞典设计、丹麦设计、芬兰现代设计三个流派。

5. 美式家具

美式家具特别强调舒适、气派、实用性和多功能性，其风格粗犷大气，雍容、华贵、富丽，多以桃花木、樱桃木、枫木及松木制作（图1-13）。美式家具分为仿古、新古典和乡村式风格。

图1-12 北欧风格家具

图1-13 美式家具

6. 现代简约风格家具

现代简约风格家具主要分为板式家具和实木家具。板式家具简洁明快、新潮，布置灵活，价格区间大，是家具市场的主流。实木家具是指所有面板材料都是未经再次加工的天然材料，不使用任何人造板制成的家具。它追求时尚与潮流，非常注重居室空间的布局与使用功能的完美结合（图1-14）。

图1-14 现代简约风格家具

7. 田园乡村风格家具

田园乡村风格家具大致可分为美式、英式、韩式、中式、法式、南亚乡村田园风格等，其用料崇尚自然，选用砖、陶、木、石、藤、竹等，追求自然（图1-15）。其在织物质地的选择上多采用棉、麻等天然制品。

8. 东地中海风格家具

东地中海风格家具表面没有繁杂的图案，一般采用擦漆做旧的处理工艺，以白色或蓝色为基调，线条比较简单，修边浑圆，重视对木材的运用，铁艺家具和竹藤家具是其特色（图1-16）。

图1-15 田园乡村风格家具

9. 日式家具

日式家具多直接取材于自然材质，不推崇豪华奢侈，以淡雅节制、深邃禅意为境界，重视实际功能。日式家具强调自然色彩的沉静和造型线条的简洁，常采用木、竹、藤、草等作为家具材质（图1-17）。

图1-16　东地中海风格家具

图1-17　日式家具

五、家具行业主要产品分类

目前中国家具企业所生产的家具种类非常丰富。家具行业主要产品分类如下。

（1）按行业分类：民用家具、办公家具、酒店家具；

（2）按材料分类：实木家具、板式家具、塑料家具、金属家具、竹家具、藤家具、石材家具等；

（3）按使用空间分类：卧室家具、门厅家具、客厅家具、厨房家具、卫生间家具、浴室家具、户外阳台家具等；

（4）按标准化程度分类：成品家具、手工打制家具、定制家具。

六、定制家具的发展历程

中国早期的家具是由传统手工作坊的木匠制作的，也称"定制家具"。定制家具的设计跟传统的成品家具相比更加复杂，必须将功能、艺术和技术三种要素相结合。传统手工作坊制作家具利用简单的工具进行切割、组装、打磨、抛光、上漆等手工工艺环节。现代定制家具讲究设计的功能、艺术与技术的结合，设计出更多人性化的家具。

现代定制家具由成品家具演变而来，大致分为四个阶段，如图1-18所示。

图1-18　定制家具的发展历程

1. 工匠时代

改革开放之前，中国家庭用户的家具主要是靠传统的木匠师傅进行手工打制，其质量与精巧程度主要取决于选用的木材质量和木匠师傅个人的工艺水平（图1-19）。

2. 成品时代

改革开放之后，中国的工业制造水平不断提高，家具生产也开始进入工业时代，成品家具大量涌入市场。款式新颖、风格种类多样、做工精致、外观精美的成品家具受到广大消费者的追捧（图1-20）。传统手工打造的家具无法满足人们对家具的个性需求，慢慢淡出市场。

3. 装修时代

随着市场经济的发展，城镇居民的消费水平不断提高。人们注重家居环境的美化，对家具制作的要求越来越高，渴望能根据家居空间的大小和布局对家具进行个性化设计。此时，大量的装修工人和装修公司涌入市场，人们请装修工人根据空间的大小和布局进行"定制设计"，现场打制家具，使家中的空间得到更好的利用（图1-21）。

图1-19　木匠师傅手工打制家具

图1-20　成品家具　　　　　　　　图1-21　定制设计家具

4. 定制时代

装修工人的水平有限，定制设计的家具不够美观。家具厂商抓住时机，采用优质的环保板材，配合优质的封边工艺，使家具产品的花色风格更加多样化，吸引了大量的消费者，使家具制造行业正式进入定制时代。

进入21世纪，国内一部分具有敏锐触觉和市场远见的企业家开始吸收、学习和借鉴在欧美、日本等地区和国家流行的定制家具理念，结合手工打制、成品家具、装修设计等各自的特点和优势，创立了最早的一批衣柜品牌。2015年，由全国工商联家具装饰商会发起，索菲亚家居、广州欧派集成家居、卡诺亚、广东顶固集创家具等家居品牌共同起草的《全屋定制家居产品》行业标准出台，助推定制家具行业的健康发展，从此定制家具行业呈现一派欣欣向荣的发展趋势（图1-22）。

图1-22　定制时代

任务二　家具设计工作流程

任务知识点

全屋定制家具设计是以全屋设计为主导，配合专业定制和整体主材配置，以实现只属于客户的家装文化。每个客户对家都有着独特的感情和见解，因此，全屋定制家具并非简单的风格呈现，而是客户对生活文化的追求和感悟。整体定制的目的就是把家装文化通过私人定制的方式表达出来。

一、全屋定制工作流程

全屋定制工作流程可分为十个步骤，如图 1-23 所示。

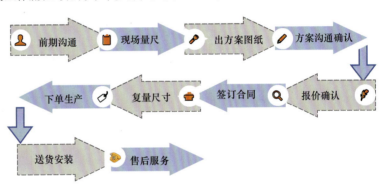

图 1-23　全屋定制工作流程

视频：定制家具设计师工作流程

二、定制家具设计工作流程

1. 接单

（1）经市场部接单后，直接报到小组群内；

（2）设计师接到订单信息后，及时和市场部沟通客户相关需求；

（3）做好接单准备，根据客户需求，对已有研发方案进行语言沟通上的整合等。

2. 接待、沟通

（1）根据已了解的客户信息以及市场部给客户讲解的内容，充分补充公司以及产品的优势内容；

（2）通过和客户交流，充分展现自己的专业素养，让客户产生信任感；

（3）给客户讲解户型、家居布局等；

（4）根据沟通情况，配合市场部进行促单。

3. 现场测量

（1）对没有户型图或尺寸的客户，应在意向客户离店前与其约定好测量时间；

（2）测量应根据规范操作，保证尺寸准确，避梁避柱，如果未按照测量规范进行测量，或者没有报备并且未按时出图，应按照设计师等级评定方式处理。

4. 出方案图纸

（1）测量后，应在三天内出方案图纸（如果是毛坯房或者大户型等特殊情况需要报备设计主管）。

（2）对已经有户型图和尺寸的客户方案，应在接待完客户后三天内出方案图纸。

5. 邀约

（1）在确定好出图时间后，第一时间邀约客户，并确定进店时间（需要同市场部确定好），安排好工作时间。

（2）在方案制作过程中应时刻保持和客户、市场部、设计主管之间的沟通，这样可最大化地符合客户需求。

（3）方案完成后，需要进行方案演练碰头会，由设计师和市场部相关负责人员或者设计主管进行方案讲解的演练。

（4）做好方案的报价，并同时做好备份报价。

6. 签单

（1）客户二次进店后进行方案讲解、活动宣导。

（2）在适当时机进行订单签订（应合理地寻求帮助进行压单）。

（3）应在客户交付全款或者大额定金后签订合同。

（4）在签订合同的同时预约复尺时间。

7. 下单

复尺后5天内完成和客户的下单图纸确认（图纸包括定制产品和成品）。

（1）图纸需客户亲自签字，如实在无法本人签字，则通过微信签字确认。

（2）图纸签字后，在两天内将订单上传到工厂（需经过设计主管审核方可下单）。

（3）上传订单后需要及时跟踪，检查是否有退单等情况，直接将下单回执表格、安装图纸交给内勤人员。

任务三　家具设计常用尺寸

视频：家具设计常用尺寸

任务知识点

家具设计常用尺寸秉承"以人为本"的设计理念。家具设计尺寸根据人体工程学在家具设计中的应用而定。家具设计的尺度、造型、色彩及布置方式都必须符合人体的生理、心理及人体各部位的活动规律，达到安全、实用、舒适、美观的目的。

一、鞋柜设计尺寸

鞋柜深度为300～350 mm，高度为900～2 400 mm，深度为400 mm，能放进鞋盒，深度小于320 mm时鞋柜内部就要考虑做斜层板。如果空间不够可以选择做超薄的翻斗鞋柜，单层翻斗鞋柜深度为170 mm，双层翻斗鞋柜深度为240 mm。

鞋柜底部空出150～200 mm的高度，用于放常穿的鞋以及进门脱掉的鞋。换鞋凳的高度一般为450 mm。鞋柜中间镂空350～400 mm，以便进门后可以随手放钥匙、包、雨伞等常用物品。鞋柜上、下层板的间距根据鞋子类型的高度设计，一般为 160～240 mm。鞋子尺码见表 1-1。鞋子高度尺寸如图 1-24 所示。

表 1-1 鞋子尺码

mm（中国）	225	230	235	240	245	250	255	260
EURO（欧洲）	36	36.5	37	38	38.5	39	40	40.5
USM（美国 男款）	4.5	5	5.5	6	6.5	7	7.5	8
USW（美国 女款）	6	6.5	7	7.5	8	8.5	9	9.5
UK（英国）	3.5	4	4.5	5	5.5	6	6.5	7
mm（中国）	265	270	275	280	285	290	300	310
EURO（欧洲）	41	42	42.5	43	44	45	46	47
USM（美国 男款）	8.5	9	9.5	10	10.5	11	12	13
USW（美国 女款）	10	10.5	11	11.5	12	—	—	—
UK（英国）	7.5	8	8.5	9	9.5	10	11	12

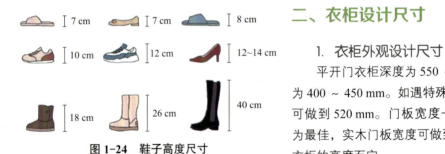

图 1-24 鞋子高度尺寸

二、衣柜设计尺寸

1. 衣柜外观设计尺寸

平开门衣柜深度为 550～600 mm，衣架宽度为 400～450 mm。如遇特殊情况，衣柜深度最小可做到 520 mm。门板宽度一般以 400～450 mm 为最佳，实木门板宽度可做到 600 mm，具体根据衣柜的高度而定。

推拉门衣柜深度为 600～650 mm，常见设计为 600 mm 深，深度小于 600 mm 就挂不下衣服，因为滑轨就要占据 80～100 mm。衣柜推拉门每扇宽度为 700～1 000 mm，一般不建议做到 1 100 mm 以上，除非做玻璃移门。

2. 衣柜内部功能分区设计尺寸

被褥区高度为 400～600 mm，宽度为 900 mm。叠放区高度为 350～450 mm，宽度根据单元格尺寸而定。长衣区高度为 1 400～1 500 mm，不小于 1 300 mm，宽度为 600～1 000 mm，一般不超过 1 100 mm。短衣区高度为 850～1 100 mm，宽度根据单元格尺寸而定，一般不超过 1 100 mm。抽屉宽度为 400～800 mm，高度不小于 150～200 mm，宽度不小于 400 mm。

三、橱柜设计尺寸

1. 地柜设计尺寸

地柜高度为 800～850 mm，深度为 600 mm，高度为 800 mm 左右。灶台离顶吸式油烟机的距离为 650～750 mm，离侧吸式油烟机的距离为 350～450 mm。水槽与灶台之间的整理区的距离建议为 800 mm 以上。

2. 吊柜设计尺寸

吊柜的起吊高度一般为离地 1 500～1 600 mm，吊柜深度在 400 mm 以内比较合理，深度为 370 mm 时最合适。厨房吊柜到操作台面的距离不小于 600 mm。

3. 其他设计尺寸

U形厨房中间的距离保证为 1 000 ~ 1 200 mm，最小距离不小于 800 mm。单开门冰箱预留 750 mm 宽，对开门冰箱预留至少 1 000 mm 宽。

四、浴室柜设计尺寸

台上盆浴室柜的高度为 750 ~ 850 mm 较为合适。浴室柜一般底部悬空 200 mm。

五、视听柜设计尺寸

视听柜的内部结构尺寸可根据客户购买的电视柜尺寸、储物空间需求、展示空间需求，以及电视柜的设计类型来进行设计。电视柜台面深度为 300 ~ 600 mm，常见尺寸为 450 mm，高度为 150 ~ 450 mm，长度设计根据空间尺寸考虑。抽屉长度为 300 ~ 600 mm，高度为 150 ~ 200 mm；若电视柜单纯用来收纳书籍，则深度为 300 mm。常见电视尺寸如图 1-25 所示。

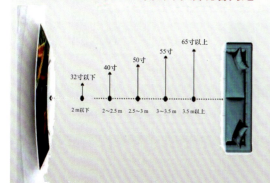

推荐电视尺寸			
电视尺寸/寸	50	55	60
外框尺寸/mm	1 130×640	1 330×800	1 440×900
观看间距/m	2.5~3	3~3.5	3.5以上

图 1-25　常见电视尺寸

任务四　现场量尺

任务知识点

一、测量前准备

定制家具设计前，现场测量是不可缺少的一部分，设计师通过现场考察、现场勘测，了解房屋的整体结构。通过现场沟通，充分了解业主需求，最后根据户型情况结合客户需求完成整体定制家具设计。

1. 测量前准备——形象礼仪

设计师的形象非常重要，为了给客户留下良好的第一印象，着装要符合设计师的职业形象，做到大方、得体。打扮可以有个性但不宜过于花哨。不宜衣冠不整,穿拖鞋背心以及湿透的衣服进入客户家。与客户沟通时尽量使用普通话,沟通时应使用文明用语,说话要有亲和力,态度端正。

2. 测量前准备——测量工具

测量的常用工具:量尺记录本、双色笔和铅笔、手机、卷尺、三角尺、鞋套、电子测量仪、工具包等,如图 1-26 所示。在测量过程中主要记录客户信息、尺寸、需求,并拍下现场照片。

图 1-26 测量工具

视频:现场量尺

二、量尺步骤

(1)介绍:自我介绍,分享名片。
(2)问候:寒暄、赞美。
(3)需求:了解客户对每个空间的需求。
(4)资料:准备活动单页、品牌宣传资料、二维码方案。
(5)测量:量尺记录本、两种颜色的笔、规范测量。
(6)沟通:现场布局,沟通细节,注意个性化;了解客户需求,比如客户的职业、家庭人员构架、特殊需求等。
(7)包装:包装团队现场布局解答疑难问题。
(8)拍照:经过客户同意后进行拍照,以方便后期交底。
(9)微信:添加微信,推送公众号,进行微信分组及微信朋友圈营销。
(10)道别:礼貌道别,为后期客户到店做铺垫。

三、测量方法

定制家具的特点是充分合理地利用空间,让设计更加人性化。空间测量尤为重要,若家具尺寸错误则需要重新加工板材,耗时费力,造成不必要的损失。

1. 量尺顺序

按照房子的长、宽、高,窗户,门,梁,柱,天花角线,踢脚线,电位,空调等依次测量。

2. 测量方法

(1) 测两次：至少测量两次，保留初尺，必须复测。
(2) 垂直读：视线与量尺读数垂直。
(3) 左中右：将左、中、右全部量一遍，看是否有偏差。
(4) 顺时针：以顺时针方向从入门左手边一直量到右手边，防止遗漏。
(5) 天地电：确定天花角线、踢脚线和开关电位插座。
(6) 避梁柱：避开梁柱，注意切角的位置。
(7) 顶柱门：进行顶柜门打开测试，门套的高度、包柱尺寸等的检测。

任务实施

一、任务分析

(1) 卧室空间量房草图如何绘制？
(2) 卧室空间测量哪些地方？

二、操作步骤

(1) 观察现场卧室整体空间，根据客户现场沟通情况确定衣柜位置，判断是否做到顶，关注天花角线、踢脚线，考虑线条如何与衣柜衔接（图1-27）。
(2) 绘制量房草图，备注天花角线、门位置、开关位置、踢脚线（图1-28）。
(3) 按顺序测量：按照房子的长、宽、高，门，天花角线，踢脚线，电位依次测量。
(4) 绘制效果图（图1-29）。

图1-27 现场测量

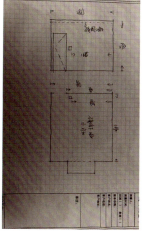

图1-28 量房草图

图1-29 效果图

任务拓展

入门前先观察房型，然后与客户沟通需要定制哪些柜体，然后再量尺寸。在沟通过程中要学会聆听，学会引导客户，学会拉近与客户的关系，侧面了解客户预算。沟通内容详见表1-2。

表 1-2 沟通内容

空间位置	客户需求	需求记录
主卧	装修风格	
	装修色调	
	衣柜是否做到顶	
	衣柜是平开还是趟门	
	是否需要书桌、梳妆台、电视柜、斗柜	
	对格局和功能的要求	
次卧	次卧是儿童房、老人房、客房	
	儿童房是男孩还是女孩	
	老人房是单亲还是双亲,是否做电视柜	
	客房是否兼做书房	
	衣柜大小与功能需求	
	风格与色调是否统一	
客厅、餐厅	是否做电视背景墙	
	电视柜是否储物	
	鞋柜储物空间大小需求	
	餐厅做酒柜还是餐边柜	
阳台	阳台储物柜需求	
	阳台洗衣柜需求	

课后练习

1. 根据定制家具设计师工作流程分组,进行情景模拟。
2. 教师指定空间,组织学生绘制量房草图,现场测量。

PROJECT TWO

项目二 定制家具部件认知

知识目标
1. 了解定制家具板材特点、定制家具分类与工艺；
2. 认识板式家具的常用五金。

技能目标
1. 能绘制家具量房草图，能根据现场情况进行正确测量；
2. 能描述板式家具板身和门板材料的分类、组成和特点。

素质目标
1. 培养对定制家具行业的认知能力；
2. 提高环保意识。

任务一 定制家具材料认知

任务知识点

定制家具也称为板式家具，定制家具的板材分为人造板和实木板。定制家具板材主要使用人造板。

一、常见板身材料

定制家具由柜门和板身组成。板身的板材由基材（芯材）、饰面组成。板式家具材料多样，不同的材料特点不同。市面常用的板身材料有实木颗粒板、多层实木板、禾香板、密度板（纤维板）、大芯板等，如图2-1所示。

（1）实木颗粒板：将原木处理为细小实木颗粒。
优点：物理性能稳定，防潮性较好；握钉力好，抗变形能力强；环保性较好。
缺点：呈蜂窝状，不够美观；硬度高、比较脆，不易造型；可塑性差；加工设备要求高。

（2）密度板：以木质纤维（木浆状）为原料，加上脲醛树脂胶，通过高温高压压制而成。

优点：可塑性强，可以雕刻多种造型，表面平整光滑，可以吸附"吸塑膜"，常用来做门板。

缺点：握钉力差；防潮性较差；强度不高，环保性较差。

（3）实木多层板：由三层以上的薄板加上脲醛树脂胶横竖错层高温压制而成。

优点：防水防潮，抗变形能力强；握钉力与韧性较好；适宜安装，负重强。

缺点：生产成本较高导致其受众面没有实木颗粒板广。

（4）禾香板：利用聚氨酯MDI生态胶合剂代替脲醛树脂胶，与农作物秸秆发生化学反应制成。

优点：无醛，阻燃能力强；防潮性好。

缺点：价格较高导致性价比不高。

（5）大芯板：以木板条拼接或空心板作芯板，两面覆盖两层或多层胶合板，加上脲醛树脂胶由拼板机拼接而成。

优点：横向抗变形能力较好；方便现场施工。

缺点：握钉力较差；防潮性较差；质量差异大；竖向抗变形能力较差。

图 2-1 板身材料种类

(a) 密度板；(b) 禾香板；(c) 实木颗粒板；(d) 多层实木板；(e) 大芯板

二、常见柜身板材饰面

在定制家具中不能直接应用这些基础板材，必须通过表面装饰技术，将这些基础板材变成不同纹理、不同颜色的免漆板后，才能在定制家具厂制作出不同的柜体家具。常见的表面装饰材料有三聚氰胺饰面、实木皮饰面、波音软片饰面等。

1. 三聚氰胺饰面

三聚氰胺饰面是将免漆板上的表面纸、装饰纸、覆盖纸浸在三聚氰胺树脂里制作而成（图2-2）。三聚氰胺饰面抗刮能力强，抗老化能力强，并且花色多；缺点是硬度较高、脆、易崩边，只能覆盖平整的表面。

2. 实木皮饰面

实木皮是基板包上实木皮后再刷油漆做成的板材。实木皮饰面纹理真实，产品高档（图2-3）。实木皮有名贵木材与普通木材之分，因此价格差异较大。

图 2-2 基材 + 三聚氰胺饰面

图 2-3 实木皮饰面

3. 波音软片饰面

波音软片饰面的材质大多数都是PVC（聚氯乙烯），在高温高压下使用基板不需要做油漆处理，也是一种比较环保的材料，并且仿木质感极强。

三、常见柜身板材封边条

板式家具的封边形式有直线封边、异形封边（软成型封边）、后成型封边。其中最常用的是直线封边。用作基板的封边材料常用的有PVC木纹封边条、ABS封边条、三聚氰胺封边条。

1. PVC木纹封边条

PVC木纹封边条表面平滑，无起泡，无拉纹，光泽度适中；表面和背面平整，厚度均匀，宽度一致，硬度适中；弹性高，质量好，耐磨性强；修边后封边侧面颜色与表面颜色接近，不发白，光泽度高（图2-4）。

图2-4　PVC封边条

2. ABS封边条

ABS封边条不掺杂碳酸钙，修边后显得透亮光滑，不会出现发白的现象。其封边成本相对较高，但仍然越来越受到市场的青睐。

3. 三聚氰胺封边条

三聚氰胺封边条易粘，遇冷热不易伸缩、不易变形，但较脆易折，在家具生产搬运中易撞坏（图2-5）。

图2-5　三聚氰胺封边条

任务二　柜门认知

任务知识点

室内定制家具柜门包括平开门和推拉门。门板按照材料分为实木门板、双面木皮门板、烤漆门板、吸塑（模压）门板、拼框门（包覆门）板、双饰面门板、亚克力门板、金属饰面门板、强化玻璃门板、岩板饰面门板。

1. 实木门板

实木门板基材由原木加工而成，因此造价非常高，面层为 PU 漆，油漆工艺主要是封闭漆或开放漆，纹理自然大方（图 2-6）。

2. 双面木皮门板

双面木皮门板基材为中纤板，双面贴有实木刨切或旋切加工的木皮，喷 PU 漆，价格较高。

3. 烤漆门板

烤漆门板是由喷漆后经烘房加温干燥工艺的油漆门板，基材为中纤板，表面经过八次喷烤漆高温烤制而成。其工艺复杂，加工周期长。其烤漆分为钢琴烤漆、金属烤漆。

烤漆门板的特点是色泽鲜艳，表面光洁度高，易擦洗，防水防潮，防火性能较好。其缺点是不耐刮蹭，容易出现划痕，且不易修复，工艺要求高，价格也较高（图 2-7）。

图 2-6　实木门板

图 2-7　烤漆门板

4. 吸塑（模压）门板

吸塑门板又叫作模压门板，其基材为中纤板，用机器进行雕刻后表面吸附一层 PVC 膜，造型多样，中间门芯还可以做成玻璃、百叶等，一般为五面吸塑（工艺导致），柜内一侧为三聚氰胺饰面（图 2-8）。

吸塑门板造型多样，适用于多种风格，耐磨，抗腐蚀，抗老化。其缺点是抗变形能力较弱，柜门较高或较宽时需要加拉直器，防水性不高，因为内部基材为密度板，所以不耐烫。

5. 拼框门（包覆门）板

拼框门板又叫作包覆门板，由四面的框与门芯板拼装完成，在对角线上可以看到拼缝接口，边框是 360° 包覆工艺，故而柜门正、反面都有包覆（图 2-9）。门框和门板分离，效果仿真。

框门一般不开裂，变形率小，层次分明，立体感强，可以在同一门板上做多种颜色拼

图 2-8　吸塑门板

图 2-9　拼框门板

框。其缺点是不耐磕碰，价格较高。

6. 双饰面门板

双饰面门板基材为刨花板，两面热压三聚氰胺纸，经济实惠，颜色多样，耐磨、耐热、耐腐蚀。

7. 亚克力门板

亚克力也叫作有机玻璃，亚克力门板表面为透明亚克力，其基材为夹板或刨花板，封边明显，比较环保，有镜面的效果，防水，易清洁。

8. 金属饰面门板

金属饰面门板基材为中纤板，面层为一层薄金属铝箔再加 UV 漆，铝合金封边。其有金属的质感，门板耐用，防水、防潮，耐磨、耐高温，比较高端。

9. 强化玻璃门板

强化玻璃门板使用强化玻璃做面层，使用两片 2～3 mm 超白玻璃，中间夹 PVB 膜，铝框封边，多用于客餐厅，造型难。

10. 岩板饰面门板

岩板饰面门板基材为铝合金框，内嵌 9 mm 中纤板，面层贴 3 mm 岩板，背面贴铝塑板。岩板饰面门板耐磨耐刮、耐高温，品质高端。

任务三 定制家具五金件认知

任务知识点

定制家具五金件是定制家具非常重要的组成部分，起着至关重要的作用，五金品质的好坏直接决定家具的使用寿命。

五金分为基础五金和功能五金。基础五金常常承载的是连接柜体各部位的作用，包括铰链、滑轨、气撑杆、拉手、衣通等，是家具上不可缺少的部分。功能五金包括橱柜中的各种拉篮、榻榻米升降机、下拉式衣架、旋转衣架、裤架等。功能五金根据客户需求选配。

1. 铰链

铰链也叫作门铰，是连接柜体和门板的连接件，是基础五金中的核心内容。铰链每天要承受多次开合，还要承受门板的重量，如果选不好，不仅会影响使用体验，还可能产生安全隐患（图 2-10）。

2. 滑轨

滑轨分为很多种，主要有侧滑轨（二/三节轨）（图 2-11）、托底轨、骑马抽，还可以细分为滚轮滑轨、钢珠滑轨、齿轮滑轨和阻尼滑轨。

3. 气撑杆

像橱柜吊柜一按即开的效果就是通过气撑杆来达成的。气撑杆又分为普通气撑杆和"随意停"气撑杆，其中，"随意停"气撑杆的使用感受更好，可以随手停在相应高度/角度，既不会碰头，又不会让柜门翻到够不着的高度。

图 2-10 铰链

图 2-11 侧滑轨

4. 拉手

拉手是最常见的五金件（图2-12），主要分为外挂式、内嵌式、隐藏式。按材料分为金属、木质、不锈钢等材质。

5. 衣通

衣通也就是人们俗称的挂衣杆，由衣通座和衣通杆组成（图2-13）。因为衣通上需要挂一年四季的衣物，所以它的硬度和承重能力需要重点关注。优质的衣通不仅能防滑，还久用不变形，非常牢固耐用。

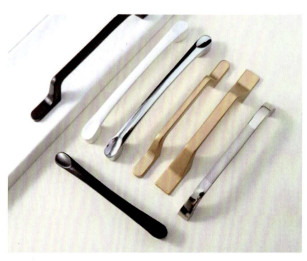

图 2-12 拉手

图 2-13 衣通

任务实施

一、任务分析

在设计家具柜门的过程中如何选择柜门铰链？

二、操作步骤

（1）了解门板遮盖形式。铰链的选择根据门板遮盖位置的不同，可以分为全盖式、半盖式和内藏式。

半盖又称为中弯、小臂，柜门盖住柜体侧板的一半；全盖又称为直弯、直臂，柜门盖住全部侧板；无盖又称为大弯、大臂，门板与侧板平齐。

（2）根据设计效果选择门板遮盖形式，如图2-14所示。

（3）根据柜门规格选择铰链数量，如图2-15所示。

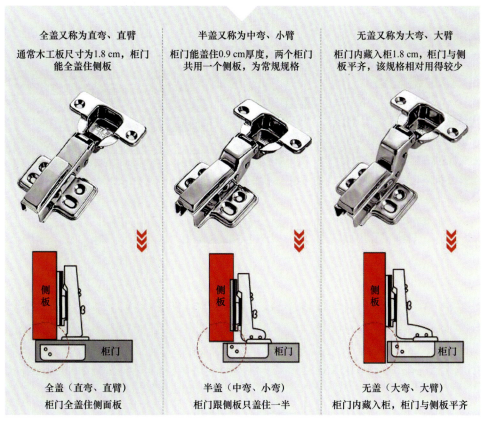

图 2-14 门盖形式

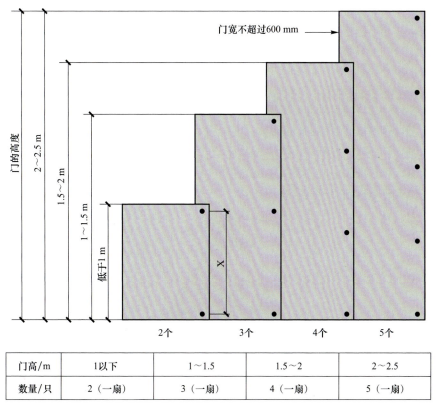

门高/m	1以下	1～1.5	1.5～2	2～2.5
数量/只	2（一扇）	3（一扇）	4（一扇）	5（一扇）

图 2-15 铰链个数

任务拓展

一、柜身板材规格

标准板材尺寸为 1 220 mm×2 440 mm，定制板材尺寸为 1 200 mm×2 400 mm，柜体在设计时会受板材本身规格的限制（图 2-16）。为了避免运输等原因造成损耗而导致板材尺寸规格不统一，加工后的板材尺寸会比原本的尺寸小（图 2-17）。

图 2-16　板材规格

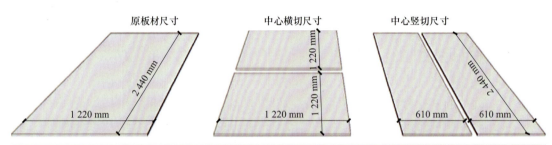

1. 横向对切为1 220 mm×1 220 mm（分为两块），或者1 220 mm×610（分为四块），可作为衣柜、橱柜、鞋柜、书架等内置隔板。
2. 竖向对切为610 mm×2 440 mm，可用于衣柜、书架、橱柜等的侧板，满足它们的深度和高度要求。

图 2-17　板材切割

二、定制家具环保等级

根据欧洲环保标准，将木制品按照甲醛释放含量，分为 E0、E1、E2 三个等级。E0 级是级别较高的环保等级，E0 级板材已经不能满足现代人类的需求，因为它只代表释放甲醛剂量较小，并非完全无危害。E1 级板材可以用于室内装修，会有刺鼻的味道，但不强烈，长时间居住会导致抵抗力下降。E2 级则板材会有强烈性气味，长时间居住会诱发很多疾病，包括白血病，不适于人类居住，尤其是儿童、孕妇等人群。注意：国内无国家 E0 标准，只有板材行业 E0 标准。

（1）E0 级（甲醛释放量≤ 0.5 mg/L）。
（2）E1 级（甲醛释放量为 0.5 ~ 1.5 mg/L）。
（3）E2 级（甲醛释放量大于 1.5 mg/L）。

板材环保等级示意如图 2-18 所示。

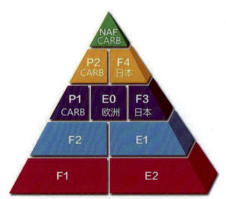

图 2-18　板材环保等级示意

课后练习

将学员分组，讨论定制家具基材、面材、封边及常用五金的种类和特点，并记录在表2-1中。

表2-1 家具材料记录表

姓名		班级		学号		日期	
序号	材料名称			功能用途			
1							
2							
3							
4							
5							
6							
7							
8							
9							
10							
11							
12							
13							
14							
15							

PROJECT THREE

项目三 三维家基础设计

知识目标

1. 掌握三维家软件的特点和应用领域；
2. 掌握三维家 3D 云设计界面的基本功能；
3. 掌握三维家创建户型的基本操作方法；
4. 掌握三维家软件成品软装与硬装的布置方法；
5. 掌握三维家软件快速出图的操作方法。

技能目标

1. 能熟练运用三维家设计界面的基本功能快速创建户型；
2. 能根据不同的户型结构进行成品软装与硬装的布置；
3. 能独立完成户型内部灯光与相机的布置，完成效果图渲染。

素质目标

1. 认识真实工作的严谨性与规范性；
2. 提高对真实工作的认知能力；
3. 培养良好的学习习惯；
4. 培养良好的团队协作能力。

视频：软件基础操作

任务一 软件基础操作

任务知识点

一、三维家软件简介

三维家软件是当今社会家装行业中使用比较广泛的一种新型效果图制作软件，软件操作简单易学，效果图表现画面清晰、质感较好。该软件适用于各类家居门店、装修公司，进行定制家具、瓷砖、卫浴、吊顶、墙面等效果图表现，还可以实现前端设计与后端生产打通，设计方案与施工图纸一键下单到工厂，工厂一键拆单工艺解析，消除对接过程中的数据鸿沟，高效排产，有效提高生产效率。

二、配置要求

三维家软件的运用对计算机的配置有一定的要求，如计算机的操作系统、CPU、显卡、内存、浏览器、网络等，如果计算机配置过低，三维家软件是不能够顺利运行的（表 3-1）。

表 3-1 三维家计算机配置要求

类别	高配版	标配版
操作系统（64位旗舰）	Windows 7、Windows 8、Windows 10	Windows 7（64位旗舰）、Windows 8、Windows 10
CPU	2.8 GHz 以上四核处理器，i7 处理器及以上	i5 处理器
显卡	NVIDIA Geforce GTX1050Ti 及以上	GTX750-GTX970
内存	8 GB	4 GB
浏览器	谷歌浏览器、三维家客户端	谷歌浏览器、三维家客户端
Flash Player	Flash Player 14.0 以上（建议更新到最新版）	Flash Player 14.0
网络	个人（独立光纤）8 M 以上，企业 100 M 电信光纤	4 M 光纤网络/单人，企业 100 M 电信光纤

三、三维家软件登录方式

三维家软件登录方式主要有两种，分别是浏览器登录与三维家 3D 云设计客户端登录，可根据自己的绘图习惯选择登录方式。

四、三维家软件 3D 云设计界面介绍

三维家软件 3D 云设计界面主要包含菜单栏、户型创建、样板间、云素材、"我的"绘图区等（图 3-1）。

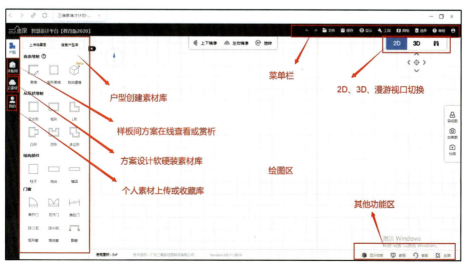

图 3-1 三维家 3D 云设计界面

任务实施

一、任务分析

（1）怎样使用浏览器与三维家 3D 云设计客户端登录？

（2）三维家软件的两种登录方式中哪一种较方便？

二、操作步骤

（一）浏览器登录三维家账号操作步骤

打开浏览器并输入网址"www.3vjia.com"进入三维家官网，单击右上角处"登录"按钮，在弹出的登录页面选择密码登录，输入三维家软件的账号和密码，单击"登录"按钮即可（图3-2）。

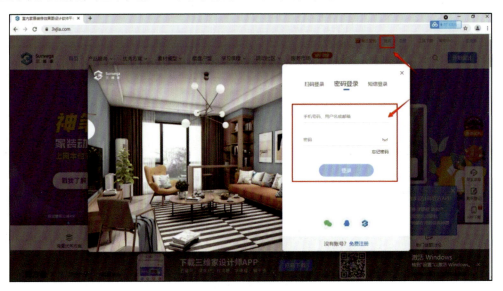

图 3-2　浏览器登录

（二）三维家 3D 云设计客户端登录操作步骤

三维家 3D 云设计客户端是进入三维家软件最方便的登录途径，但是首次登录时需要提前下载并安装三维家 3D 云设计客户端，然后再从客户端登录账号进入软件。

1. 三维家 3D 云设计客户端下载步骤

（1）登录三维家官网"www.3vjia.com"，单击网页右上角的"工具下载"按钮，选择"三维家3D 云设计下载"命令（图3-3）。

（2）在新弹出的网页中单击"3D 云设计客户端"下方的"立即下载"按钮（图3-4）。

（3）在新弹出的网页中选择"稳定版"或"抢先体验版"进行下载（图3-5）。

（4）找到下载好的三维家客户端安装包文件，双击并打开文件，单击"我同意"按钮（图3-6）。

（5）选择文件安装路径，并单击"安装"按钮，然后根据提示单击"下一步"按钮，直到安装完毕即可（图3-7）。

项目三　三维家基础设计　029

图 3-3　三维家 3D 云设计客户端下载步骤一

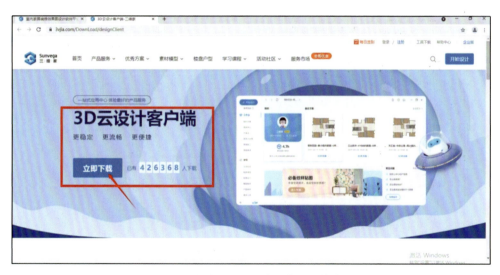

图 3-4　三维家 3D 云设计客户端下载步骤二

图 3-5　三维家 3D 云设计客户端下载步骤三

图 3-6　三维家 3D 云设计客户端下载步骤四

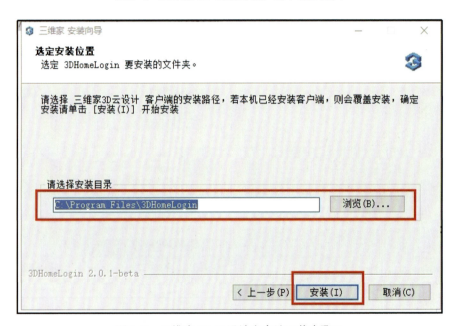

图 3-7　三维家 3D 云设计客户端下载步骤五

2. 三维家 3D 云设计客户端登录步骤

（1）在计算机桌面找到三维家 3D 云设计客户端快捷图标，双击打开（图 3-8）。

（2）在弹出的页面中输入三维家账号与密码，单击"登录"按钮即可（图 3-9）。

图 3-8　三维家 3D 云设计客户端快捷图标

图 3-9　三维家 3D 云设计客户端账号登录

3. 三维家 3D 云设计界面认知

三维家软件 3D 云设计界面如图 3-1 所示。

（1）菜单栏主要功能：文件、保存显示、工具、图纸、清单、帮助。

（2）素材库菜单：

①户型：创建墙体，放置门窗、梁、柱、地台等；

②样板间：可以根据空间格局、风格、户型、面积等进行样板间方案在线查看或赏析；

③云素材：企业库、公共库、"我的"。

任务拓展

（1）当登录三维家账号后，准备开始设计时，如果页面提示"你的 Flash 版本过低"，此时根据页面提示更新 Flash 插件即可。

（2）三维家 3D 云设计界面右上角有"帮助"按钮，在作图时突然忘记快捷键或其他问题时可以单击"帮助"按钮，快速查看"新手引导""快捷键""更新通知""关于"等。

（3）若在操作过程中遇到疑问，也可以单击三维家 3D 云设计界面右下角处的"客服"或"教程"按钮来解决问题和寻求帮助。

课后练习

请根据本任务的学习内容，自己运用浏览器和三维家 3D 云设计客户端分别登录账号一次，掌握两种不同的登录方式。另外，观察三维家 3D 云设计界面的菜单栏与素材库，了解其相关功能。

任务二　创建户型、门窗

案例导读

设计师在进行客户接待与沟通时，通常情况下会根据客户提供的信息进行初步的方案构思或效果图快速表现，目的是提高谈单效率。但是客户一般初次进店咨询时是没有太多关于户型方面的信息的，设计师如果想要快速让客户看到方案效果，可以根据客户购房合同中的户型图，利用三维家软件进行方案设计与快速出图。

任务实施

一、任务分析

（一）客户情况

王先生的房子为三室两厅一厨一卫的户型，王先生的职业为儿科医生，女业主为家庭主妇，小孩为 10 岁女孩，正在上小学。目前正准备为新房进行装修，没有户型的 CAD 图纸，只有购房时物业给的户型宣传单，初次进入公司咨询装修事宜，想要快速看到方案设计效果（图 3-10）。

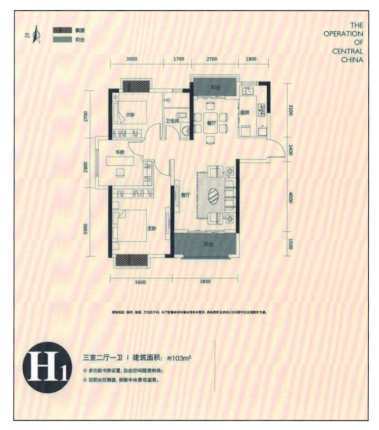

图 3-10　原始户型图

（二）客户需求

男业主喜欢现代简约风格，要求室内整体简洁大气、实用即可，希望家里能有一间独立书房，可以满足日常家庭办公、学习的需要。女业主希望家里干净整洁，有足够的储物空间，可以满足日常生活储物需求。

二、操作步骤

户型创建的方法有四种，分别是搜索户型库、导入户型图、导入 CAD 文件和墙体绘制。设计师可以根据自己的绘图习惯以及客户情况来选择户型创建的方法。

1. 搜索户型库

当客户第一次上门进店咨询时，有可能客户未提供任何资料，只能提供小区地址和名称。这时就可以利用三维家 3D 云设计界面进行"在线搜索户型库"，即可快速搜索出客户家的户型。户型打开后，内部的墙体与门窗都已经自动创建好了，然后根据设计方案展开后续的软/硬装制作即可。若个别楼盘户型搜索失败，则需要设计师进行实地量房以获取户型信息，然后利用三维家软件进行方案设计（图 3-11）。

2. 导入户型图

（1）单击三维家 3D 云设计界面中的"导入户型图"按钮，在弹出的窗口中找到户型图保存的位置并选择户型图图片，然后单击"打开"按钮（图 3-12）。

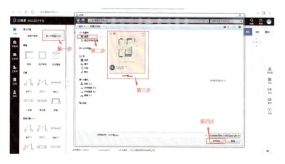

图 3-11 在线搜索户型库　　　　　图 3-12 导入户型图

（2）在弹出的界面中对户型图图片进行裁剪，只保留户型图墙体结构与外部尺寸即可，裁剪完毕单击"智能识别"按钮即可（图 3-13）。

（3）户型智能识别完成以后，界面会弹出一个比例尺，可以将鼠标放在比例尺的黄色区域，把比例尺移动至户型外部尺寸处，再把鼠标放置在比例尺右端的箭头上，按住鼠标左键向左或向右调整比例尺长度，使比例尺长度与图纸上的尺寸长度一致。最后手动输入尺寸数据，按 Enter 键即可生成户型的墙体与门窗框架（图 3-14）。

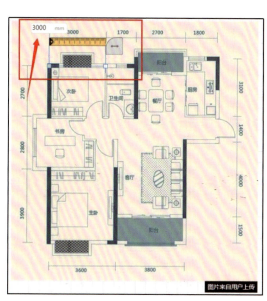

图 3-13 裁剪和智能识别户型图　　　　　图 3-14 调整比例尺

（4）户型的墙体与门窗框架生成完毕以后，视图会自动跳转至 3D 视图，此时可以单击视图右下角处的"显示材质"按钮，选择"显示轮廓与材质"选项（也可按快捷键"Ctrl+2"），图纸的轮廓会显示得更加清晰明了（图 3-15）。

（5）隐藏户型临摹图。选择菜单栏"显示"→"临摹图"命令，取消勾选"显示临摹图"复选框（图 3-16）。

图 3-15 显示轮廓与材质

（6）检查户型结构。旋转 3D 视图（按住鼠标右键并移动鼠标）、平移视图（按住鼠标左键并移动鼠标）或放大/缩小视图（滚动鼠标滚轮）检查户型墙体与门窗的完整情况，若发现户型有残缺，可及时修整。通过观察可以发现户型中的两个飘窗与卫生间有多余墙体需要删除，另外，阳台推拉门尺寸不对，需要调整（图 3-17）。

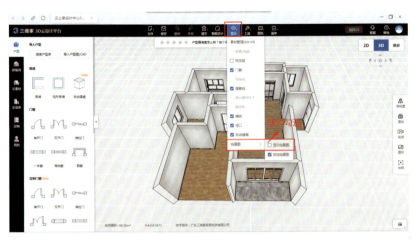
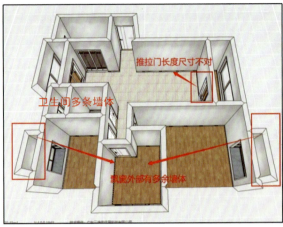

图 3-16 隐藏临摹图　　　　　　　　　　　　　图 3-17 检查户型结构

3D 视图操作常用快捷键：2D、3D 与漫游视图切换（V）；平移视图（鼠标左键）；旋转视图（鼠标右键）；缩放视图（鼠标中键）；3D 视图内（向前：W，向后：S，向左：A，向右：D，向上：Q，向下：E）；线框 + 实体显示（Ctrl+2）；显示材质（Ctrl+1）；显示轮廓（Ctrl+3）；保存（Ctrl+S）；复制（Ctrl+V）；多选（Ctrl）；撤销（Ctrl+Z）；框选（Ctrl+ 鼠标左键）。

（7）删除多余墙体的操作方法。进入 2D 视图，先选中飘窗将其隐藏（快捷键 H），然后选中多余墙体并按 Delete 键进行删除，注意按 Ctrl 键可以选择多个墙体一起删除（图 3-18）。

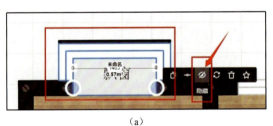

（a）　　　　　　　　　　　　　　　　（b）

图 3-18 删除多余墙体
（a）隐藏飘窗；（b）删除墙体

（8）调整阳台推拉门尺寸的方法。

方法一：进入 2D 视图，选择推拉门，然后将推拉门长度修改为 2 400，按 Enter 键，然后将推拉门位置居中摆放即可。

方法二：在视图右侧的产品信息中，取消勾选"等比缩放"复选框，然后修改推拉门长度为 2 400，按 Enter 键即可（图 3-19）。

（9）显示飘窗的方法。选择菜单栏"显示"→"素材管理"命令，勾选"门窗"复选框，单击"显示"按钮即可（图 3-20）。

（10）给户型空间命名的方法。进入 2D 视图，选择空间，然后对每个空间进行命名（图 3-21）。

（11）户型创建完成效果如图 3-22 所示。

图 3-19 修改推拉门尺寸

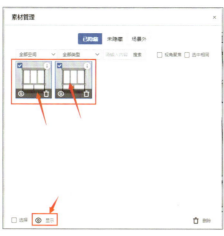

(a)   (b)

图 3-20　显示飘窗

（a）显示；（b）素材管理

图 3-21　空间命名　　　　　　图 3-22　户型创建完成效果

3. 导入 CAD 文件

（1）整理 CAD 图纸。对原始户型图 CAD 图纸进行整理，只保留墙体框架，所有门洞、窗洞、下水道、烟道、梁柱等全部删除，且所有线条都是闭合状态。另外，将文件格式调整为 DXF 格式（图 3-23）。

（2）导入图纸。在三维家 3D 云设计界面，单击"导入户型图/CAD"按钮，找到 DXF 文件的保存位置，选择 DXF 格式文件并单击"打开"按钮即可快速生成户型墙体结构（图 3-24）。

（3）调至 3D 视图。勾选 3D 视图内"显示轮廓与材质"复选框，取消勾选"显示临摹图"复选框，检查户型墙体的完整性。

（4）添加门窗。

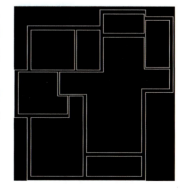

图 3-23　DXF 格式图纸

①添加门。切换至 2D 视图，在三维家 3D 云设计界面左侧的素材库菜单中选择"云素材"→"公共库"→"门"→"防盗门"选项，选择一款合适的防盗门，将其拖拉至入户门墙体上，再调整门的尺寸与开启方向。注意，选择门的时候要看门把手的方向是否正确（图 3-25）。

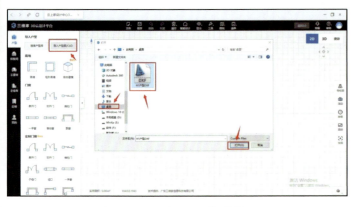

图 3-24　导入 DXF 格式图纸

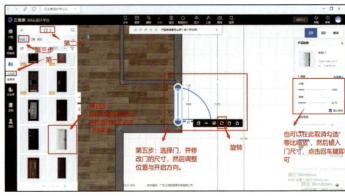

图 3-25　修改门尺寸

②添加窗。切换至 2D 视图,在三维家 3D 云设计界面左侧的素材库菜单中选择"云素材"→"公共库"→"窗"→"平开窗"选项,选择一款合适的窗,将其拖拉至墙体上,再调整窗的尺寸与位置。用同样的方法将所有门窗全部添加(图 3-26)。

4. 墙体绘制

当设计师量房完毕以后,不想通过 CAD 绘制原始户型图时,可以用直接在三维家软件中用绘制墙体的方法创建户型。墙体绘制方法一般有矩形画墙、中线画墙和内线画墙三种。

(1)矩形画墙操作方法。在三维家 3D 云设计界面左侧单击"矩形画墙"按钮,然后在绘图区按住鼠标左键并往右下角轻轻拖拉,即可出现矩形墙体框架,这时可以手动输入墙体长度"5 000"并按 Enter 键,然后再输入"5 000"并按 Enter 键即可创建一个 5 000 mm × 5 000 mm 的 25 m² 的空间(图 3-27)。

图 3-26　添加门窗

图 3-27　矩形画墙

(2)中线画墙操作方法。单击"画墙"按钮,选择"中线画墙"命令,在绘图区域空白处单击,把鼠标向右侧平移并调整墙体方向为水平方向,输入墙体长度"5 240",按 Enter 键;再把鼠标竖向平移,输入"5 240",按 Enter 键;再把鼠标向左侧平移,输入"5 240",按 Enter 键;最后再将鼠标向上方平移,输入"5 240",按 Enter 键,单击鼠标右键结束画墙,即可绘制出 25 m² 的空间。

(3)内线画墙操作方法。单击"画墙"按钮,选择"内线画墙"命令,把鼠标向右平移,输入"5 000",按 Enter 键;把鼠标向下平移,输入"5 000",按 Enter 键;把鼠标向左平移,输入"5 000",按 Enter 键;把鼠标向上平移,输入 5 000,按 Enter 键,单击鼠标右键结束画墙即可。

任务三　空间基础设计

空间基础设计操作步骤如下。

1. 地面材质快速铺贴步骤

（1）进入漫游视图，选择"素材库"→"公共库"→"硬装"→"瓷砖"→"抛光砖"选项，将尺寸按 800 mm×800 mm 进行筛选，选择一款瓷砖贴图，单击瓷砖贴图，将其拖拉至客/餐厅地面再单击即可（图 3-28）。

（2）调整瓷砖尺寸与方向。若瓷砖快速铺贴完毕以后感觉瓷砖尺寸与方向不合适，也可进行调整。单击客厅与餐厅地面瓷砖，在视图右侧会出现相应的"空间信息"窗口，可直接在下拉菜单中修改瓷砖的宽度、高度与角度（图 3-29）。

（3）更换瓷砖贴图方法。单击重新选择木地板贴图，将其拖拉至客/餐厅地面直接覆盖原有贴图即可。或者单击视图中的"清除材质/颜色"按钮，再重新选择木地板贴图，如需对木地板贴图进行角度旋转，可单击"旋转贴图"按钮或在"空间信息"菜单栏的下拉菜单中输入旋转角度（图 3-30）。

（4）快速查找贴图方法。若客厅地面材质需与餐厅地面材质保持一致，但是瓷砖素材库内无法快速找到餐厅地面的贴图文件时应该怎么办呢？可先单击餐厅地面的材质贴图，然后在右侧"空间信息"中查看贴图名称，再到材质库输入贴图名称进行搜索，最后添加材质即可（图 3-31）。

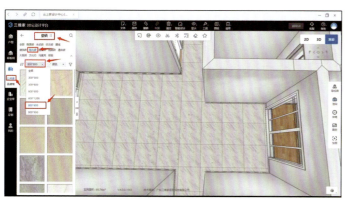

图 3-28　选择瓷砖贴图

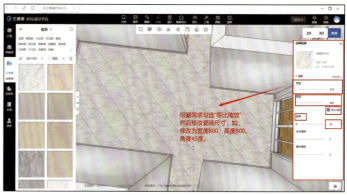

图 3-29　修改瓷砖尺寸

图 3-30　更换与旋转贴图

图 3-31　快速查找贴图

2. 墙面材质快速铺贴步骤

将视图切换至 3D 视图或漫游视图，调整视图至墙体画面，在"素材库"里选择"公共库"→"硬装"→"涂料"选项，再单击"墙面漆"按钮选择一款合适的涂料贴图，拖拉至墙面单击即可。若想要一键满铺所有墙面，在拖拉贴图时按 Ctrl 键即可满铺此空间内所有墙面（图 3-32）。

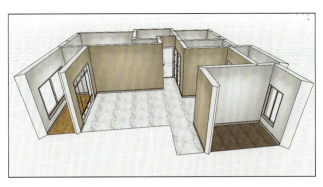

图 3-32　墙面材质快速铺贴

3. 地面区域划分与制作波打线

日常生活中在设计方案时，为了使各空间划分得更加明确，功能更加突出，会铺设拼花砖或波打线进行区域划分。

（1）地面材质编辑器。进入 3D 视图，将视角调整至地面，单击地面会看到在视图中间区域出现了一个小工具栏，分别有"清除材质/颜色""旋转贴图""显示/隐藏分割线""竖向分割""横向分割""波打线""删除分隔线"及"收藏"等命令（图 3-33）。

图 3-33　地面材质编辑

（2）地面区域划分。

①生成分割线。选择"横向分割"命令，对客厅、过道与餐厅三个空间的地面进行区域划分，在客厅与过道之间的地面上单击，即可在两个空间之间的地面上生成一根分界线，然后单击鼠标右键一次，即可结束当前命令（图 3-34）。

②调整分割线位置。单击地面的分割线，这时鼠标会变成一个小手并指向这根线条，此时按住鼠标左键将分割线移动至合适的位置即可；或输入分割线与墙体的间距后按 Enter 键也可以调整分割线位置（图 3-35）。

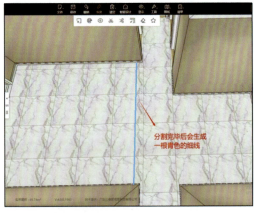

图 3-34　生成分割线

图 3-35　调整分割线位置

③划分过道与餐厅空间。用同样的方法对过道空间与餐厅空间的地面进行区域划分，生成分割线，然后调整分割线位置（图 3-36）。

④生成波打线。选择"波打线"选项，用鼠标左键单击客厅地面两次，再单击餐厅地面两次，就会生成两条波打线的边；然后单击波打线内线，将波打线向外移动，调整波打线宽度至 100 mm，或手动输入数值"100"按 Enter 键即可（图 3-37）。

项目三 三维家基础设计 039

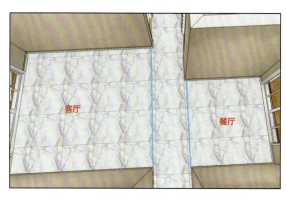

图 3-36 客厅、餐厅与过道区域分割

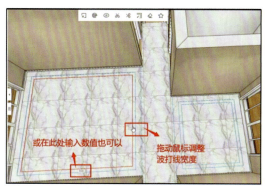

图 3-37 调整波打线宽度

⑤波打线材质铺贴。选择"素材库"→"公共库"→"硬装"→"瓷砖"选项，选择波打线贴图，并拖拉至波打线上即可（图 3-38）。

4. 快速设计天花吊顶

（1）选择客厅吊顶素材。将视图切换至 2D 视图，然后选择"素材库"→"公共库"→"硬装"→"吊顶"→"简易造型"选项，选择一款吊顶造型并拖拉至客厅空间，调整吊顶尺寸，使吊顶面积小于空间面积，注意，调整吊顶大小时可以按 Ctrl 键（图 3-39）。

图 3-38 波打线铺贴效果

（2）一键铺满客厅吊顶。在 2D 视图内单击吊顶，吊顶的旁边会出现一个工具栏，包括"复制""隐藏""镜像""收藏""铺满""删除"命令。此时可以选择"铺满"命令，吊顶就会自动铺满整个客厅空间（图 3-40）。

（3）调整客厅吊顶尺寸。

①观察客厅吊顶造型。当吊顶一键铺满整个空间后，会发现吊顶造型已延伸至过道空间，这时过道与客厅空间从吊顶造型上就没有明显的空间划分（图 3-41）。

②调整客厅吊顶位置。在 3D 视图内选择吊顶，然后按 C 键可缩放长、宽、高，将延伸至过道顶面的吊顶造型向左拉伸至客厅与过道顶面分界线处（图 3-42）。

③调整吊顶高度。在 3D 视图内选择吊顶模型，在视图右侧会出现"产品信息"，取消勾选"等比缩放"复选框，再将吊顶高度修改为合适高度（即吊顶厚度）如 200，按 Enter 键（图 3-43）。

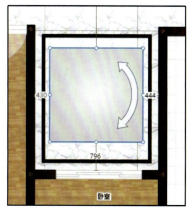

图 3-39 放置吊顶

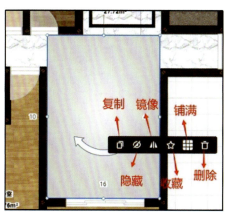

图 3-40 一键铺满客厅吊顶

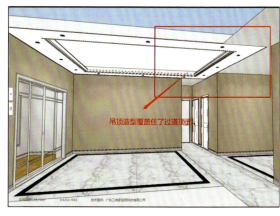

图 3-41 客厅吊顶遮住过道顶面

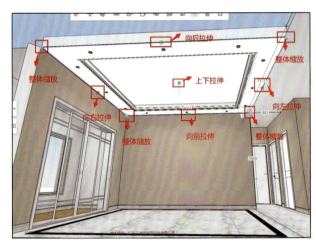
图 3-42 调整吊顶位置

图 3-43 调整吊顶高度

④调整吊顶离地尺寸。选中吊顶模型，选择"尺寸查询"选项（图 3-44），单击地面，屏幕中就会显示吊顶离地尺寸，再将离地尺寸修改为 2 600，按 Enter 键，然后单击鼠标右键结束当前命令即可（图 3-45）。

图 3-44 尺寸查询

图 3-45 调整吊顶离地尺寸

⑤预留窗帘盒位置。在 2D 视图内选择客厅吊顶模型，然后将吊顶向右拉伸 200 间距，预留出窗帘盒位置（图 3-46）。

（4）快速制作餐厅空间吊顶。若要餐厅吊顶造型设计成与客厅造型同样的款式，可以选择客厅吊顶并选择"复制"命令，再移动吊顶至餐厅空间，按住 Ctrl 键调整吊顶大小，一键铺满餐厅，最后拉伸吊顶尺寸即可（图 3-47）。

（5）快速制作过道吊顶。在 2D 视图内选择"云素材"→"硬装"→"吊顶"→"过道"→"现代风格"选项，选择吊顶并拖拉放置在过道空间内，调整吊顶位置、高度（200），并设置离地尺寸为 2 600（图 3-48）。

项目三 三维家基础设计 041

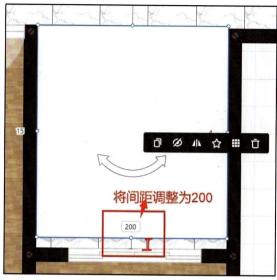

图 3-46 预留窗帘盒位置

图 3-47 餐厅吊顶

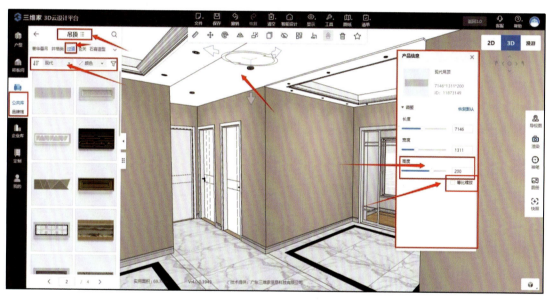

图 3-48 过道吊顶

任务四 成品家具设计

视频：成品家具选用

成品家具设计操作步骤（以客厅空间为例）如下。

1. 成品组合沙发选用

（1）组合沙发模型选用。将视图切换到 2D 视图，选择"显示"选项并在下拉菜单中取消勾选"显示吊顶层"复选框将吊顶层隐藏（图3-49），然后选择"云素材"→"公共库"→"家具"→"组合"→"沙发组合"选项，此时也可以根据方案设计风格进行沙发模型的风格筛选。选好之后将沙发模型拖拉至客厅空间内（图3-50）。

图 3-49 隐藏吊顶层

图 3-50 放置沙发模型

（2）调整沙发模型。沙发模型是一个组合模型，如果想要调整模型位置，可以选中沙发模型，在移动命令（Z 键）状态下进行旋转或移动；也可以将沙发模型进行解组（"Ctrl+B"组合键），修改独立沙发模型位置或材质贴图，然后修改完毕后再次进行组合（"Ctrl+G"组合键）即可（图 3-51）。

2. 成品电视背景墙选用

客厅电视背景墙设计类型比较丰富，常见的类型有软包类、墙纸类、木质类、石材类、玻璃类、装饰线条类、护墙板类等。本方案中客户要求采用现代简约风格，因此以石材类背景墙为例进行设计。

图 3-51 调整沙发模型

（1）背景墙模型选用。将视图切换至 2D 视图，选择"云素材"→"公共库"→"硬装"→"背景墙"→"石材类"选项，再将风格按现代风格进行筛选，选择一款合适的背景墙模型拖拉至客厅空间（图 3-52）。

（2）拉伸背景墙模型。在 2D 视图内选中背景墙模型并对其进行拉伸，拉伸时可以按 Ctrl 键或 Space 键，并预留窗帘盒位置 200 的间距即可（图 3-53）。

（3）调整背景墙模型高度。进入 3D 视图，选择背景墙模

图 3-52 放置背景墙

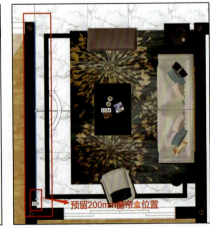

图 3-53 拉伸背景墙

型，然后屏幕右侧会出现"产品信息"，取消勾选"等比缩放"复选框，将高度改为 2 600，按 Enter 键即可（图 3-54）。

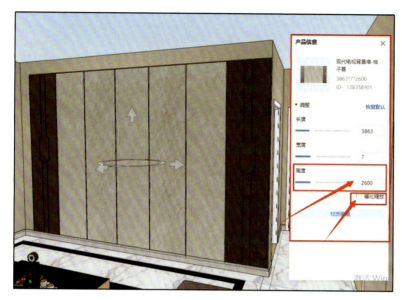

图 3-54　调整背景墙模型高度

3. 成品电视柜选用

在 2D 视图内选择"云素材"→"公共库"→"家具"→"组合"→"柜架组合"→"现代风格"→"电视柜组合"选项，选择电视柜组合模型并将其拖拉放置在客厅空间内，调整好位置（图 3-55）。

4. 成品窗帘选用

在 2D 视图内选择"云素材"→"公共库"→"装饰"→"布艺软装"→"窗帘"选项，风格按现代风格进行筛选，窗帘类型按双开帘进行筛选，选择窗帘模型并将其拖拉放置在客厅推拉门处，调整位置与尺寸（图 3-56）。

图 3-55　放置电视柜组合模型

图 3-56　放置窗帘模型

5. 灯具选用

进入 2D 视图，先把吊顶层显示出来，然后选择"云素材"→"公共库"→"装饰"→"灯饰"→"吊灯"→"现代风格"→"水晶吊灯"选项，选择吊灯模型并将其拖拉放置在客厅空间居中摆放。

注意：吊灯模型放置在客厅后会自动吸附到顶面上，所以在放置吊灯模型时直接将其拖拉至客厅居中位置即可。放置完毕后可将视图切换至 3D 视图，查看客厅模型整体效果（图 3-57）。

图 3-57　客厅模型整体效果

任务五　基础渲染出图

基础渲染出图操作步骤如下。

1. 进入渲染模式

先将视图切换至 3D 视图或漫游视图，单击视图右侧的"渲染"图标，进入效果图渲染模式（图 3-58）。

图 3-58　进入效果图渲染模式

2. 效果图渲染参数设置

进入渲染模式之后，在视图的左侧有效果图、全景图、鸟瞰图三种渲染模式。下面以效果图渲染模式为例进行讲解。

（1）渲染质量。选择标准画质即可。

（2）分辨率。分别有标清、高清、超清、4K、8K、实时调光等模式，选择标清模式即可。

（3）构图（本案例选择 4∶3 构图即可）。

① 16∶9 构图：属于长方形画面效果，适用于空间比较宽或者将两个空间放在一个视角进行渲

染时用，如将客厅、餐厅空间放在一个视图内渲染。

②4∶3构图：适用于单个空间独立渲染，也是最常用的一种构图方式。

③3∶4构图：适用于比较狭窄的空间。

（4）相机视角调整。单击视图右上角处的"切换"图标，将画面切换至2D画面，可以看到画面中有一个相机，此时可以选中相机并进行移动，移动时结合3D画面调整相机视角，视角调整完毕再切换至3D视图（图3-59）。

图3-59 调整相机视角

（5）相机设置。相机分为特写、人眼、标准和广角四个模式，一般情况下常用的是标准和广角模式。勾选"自动曝光"复选框，相机会自动均衡场景内所有光源，避免过亮或过暗。相机离地高度为1 200，相机角度为90°（图3-60）。

图3-60 相机设置

（6）灯光设置（图3-61）。

①默认灯光：系统会自动在空间内均匀地布置灯光与补光（本案例以默认灯光为例）。

②自然白光：系统会自动将灯光均匀地分布在空间内。

③氛围暖光：系统会自动生成灯光，且灯光都集中照射在家具与饰品上。

④自然白光2.0：系统会根据家具与饰品进行全部灯光与补光灯的布置。

⑤自定义补光：自行在方案中进行补光灯与光域网的布置。

⑥太阳光：可在场景内体现太阳光效果，使画面更加真实（本案例可以不体现太阳光）。

（7）外景。分为日景和夜景，可根据画面效果进行选择，本案例选择日景效果。

（8）高级功能。单击视图左下角的"高级功能"按钮，勾选"全局灯光""颜色校正""溢色控制"复选框，可自动调试画面渲染效果，防止曝光（图3-62）。

图 3-61　灯光设置

图 3-62　高级功能

视频：基础渲染出图

（9）渲染。所有设置调试完毕以后可以单击视图下方的"确定渲染"按钮，然后单击视图右上角的"图册"按钮，即可找到渲染好的效果图（图3-63）。

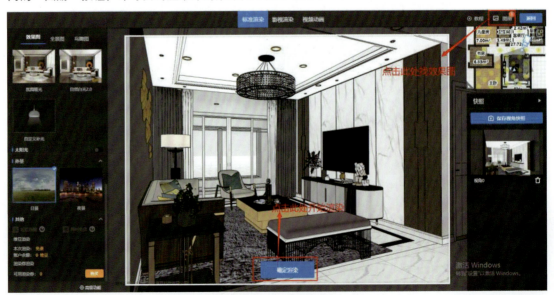

图 3-63　渲染效果图

（10）下载效果图。单击"图册"按钮以后即可找到已经渲染好的效果图，可以单击效果图进行全屏查看，也可单击"下载"按钮进行下载，设置保存路径与文件名称即可（图 3-64）。

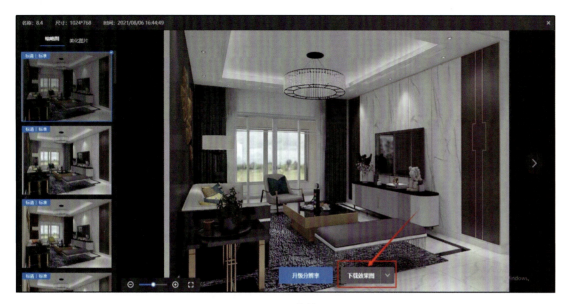

图 3-64　下载效果图

任务拓展

（1）创建户型最方便快捷的方法是上传户型图，进行智能识别。

（2）常见地面材质规格。

①门厅、客厅、餐厅与过道空间：地面铺贴材料常见的是瓷砖或木地板，瓷砖尺寸常见的有 600 mm × 600 mm、800 mm × 800 mm、900 mm × 900 mm、1 000 mm × 1 000 mm。

②厨房、卫生间与阳台空间：地面常见材料为防滑地砖，尺寸有 300 mm × 300 mm；墙面墙砖尺寸有 300 mm × 300 mm、300 mm × 600 mm、300 mm × 450 mm。

③卧室、书房与衣帽间空间：地面常见材料是木地板。

（3）吊顶模型选用。选择模型时尽量选择吊顶中带有筒灯的模型，这样可以节省布置灯具的时间，否则吊顶放置成功后还要花时间布置顶面筒灯。

（4）成品家具模型选用。沙发、餐桌等模型尽量选择组合式家具，可以节省时间。

课后练习

请根据本项目内容，完成以下户型的创建、门窗添加、空间基础设计、成品家具选用，并完成效果图渲染（图 3-65）。

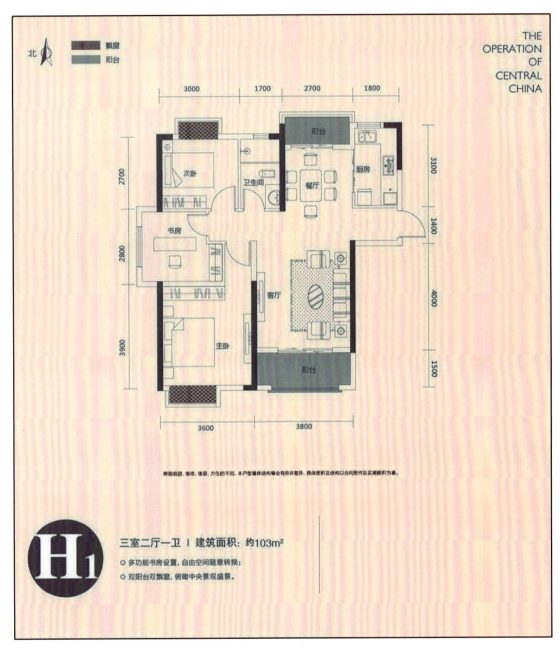

图 3-65 原始户型图

第二篇
定制柜体设计实战

PIECE TWO

PROJECT FOUR

项目四 门厅定制家具设计

知识目标

1. 掌握门厅空间定制柜体的人体工程学尺寸；
2. 了解门厅空间柜体的构成，熟悉柜体结构部件。

技能目标

1. 能根据门厅空间合理设计家具；
2. 能绘制门厅空间不同种类家具的三视图；
3. 能使用三维家软件绘制门厅家具效果图。

素质目标

1. 培养独立自主的创新能力；
2. 认识真实工作的严谨性与规范性；
3. 培养良好的职业素养；
4. 培养团队合作的能力。

任务一 门厅家具设计基础

任务知识点

一、门厅构成元素

根据门厅功能要求，门厅中的基本家具元素有鞋柜、换鞋凳、穿衣镜等。如果空间较大，可以放置烘鞋机、挂衣架等。

二、鞋柜柜体构成

随着人们日常生活水平的提高和行为习惯的养成，人们对鞋柜的功能需求也有所增加。鞋柜的分类有普通鞋柜、步入式鞋柜、翻斗鞋柜、其他（侧斜、电子）。鞋柜不只是为了储存鞋子，人们还会在鞋柜立面添加其他的功能附件，如穿衣镜、衣帽钩、雨伞架、绿植装饰等（图4-1）。

三、鞋柜设计尺寸

鞋柜柜体深度为300～350 mm，高度为900～2 400 mm，长度根据空间的尺寸考虑，一般柜体长度900 mm起，还要考虑材料的利用，抽屉长度为300～600 mm，高度为150～200 mm。鞋子储存区层板间距至少为100～200 mm，若要储存高跟鞋、长筒靴、短靴，可将层板设计成活动板，必要时根据需求调整活动层板的间距进行储物，或将层板间距设计得高一些。装饰区层板间距预留尺寸为400～600 mm，上方吊柜可设计为其他物品存放区，层板间距至少为200 mm，可根据需求进行调整（图4-2）。

图4-1　定制鞋柜功能分区

图4-2　定制鞋柜尺寸

四、鞋柜设计常用五金

鞋柜设计常用五金如图4-3所示。

（1）入柜雨伞架：用于悬挂雨伞，底部可以收集水；

（2）拖鞋架：装在门背后节省空间，注意内部层板要内缩20 mm；

（3）挂钩：用来悬挂衣物、帽子等，灵活便捷；

（4）鞋柜翻转架：是翻斗鞋柜的五金配件，一般为扇形；

（5）折叠凳：具有换鞋凳功能，收起来时像一个门，放下是一个凳子。

图4-3　鞋柜常用五金

任务二　定制整面高鞋柜设计

视频：定制整面高鞋柜设计

任务知识点

随着定制风格的盛行，定制家具逐渐进入普通人的家中，从衣柜、橱柜到入口处的鞋柜，个性化定制家具充分满足了消费者的喜好。

定制鞋柜的设计原理如下。

1. 储存容量

鞋柜可承担的功能较多，但多重功能组合的鞋柜会削减鞋柜的收纳能力，如果面积有限，优先确保鞋柜的储鞋量，再考虑其他功能。

2. 鞋柜深度

通常女鞋最大长度为 250 mm，男鞋最大长度为 320 mm，加上柜门的尺寸，鞋柜深度一般设计为 350 mm。

3. 鞋柜层板高度

因男鞋鞋帮均较矮，所以鞋柜层板高度建议以女鞋为参考标准，一般设定为 150 mm，为了更贴合日常使用，也可设计活动层板，这样能使层高根据鞋子高度调整。

4. "常鞋位"设计

为了减轻清洁工作并去除异味，不少家庭会将当天穿着的鞋子和拖鞋放置在鞋柜外，但这样会影响屋内整洁。建议在鞋柜下设计一小部分开放空间，满足日常使用。

5. 符合整体家居风格

既然是定制鞋柜，除鞋柜本身的实用性外，装饰性也不能忽视。定制鞋柜的风格建议依照整体家居风格，对柜体、柜门的颜色及款式进行选择，和谐的家居环境有益于温馨氛围的营造，表现主人对生活品质的追求。

任务实施

一、任务分析

图 4-4 所示为独立式门厅，以图 4-4 为例设计鞋柜，空间为独立式门厅，左、右两边分别是入户门和进入客厅的门，上方有一扇窗户，所以鞋柜可以放置在下方靠墙体的位置。

图 4-4　独立式门厅

二、操作步骤

（1）根据户型分析，客户家入户门厅应设计嵌入式满墙鞋柜，因此鞋柜适合设计为整面高鞋柜，首先绘制鞋柜施工图，如图4-5所示。

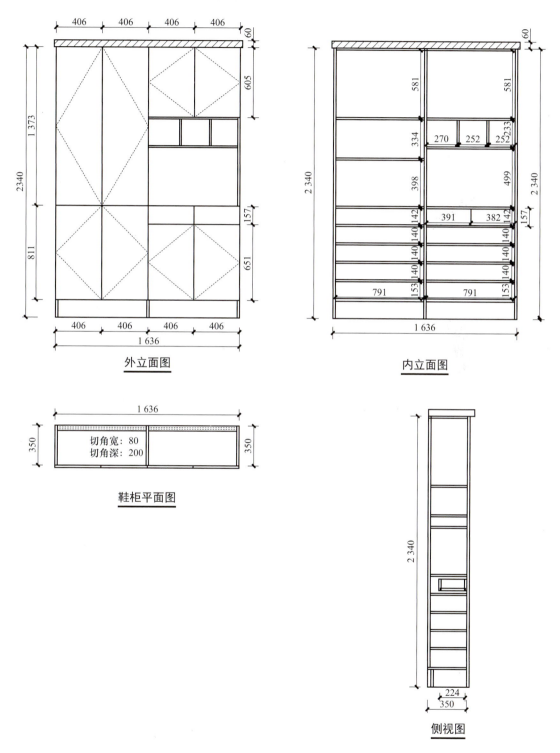

图4-5 鞋柜施工图

（2）三维家软件操作。

①在定制模块下单击"系统柜"按钮，进入系统柜定制界面，完成收口板放置（图4-6）。

②放置外框架，设置踢脚高为0，进入功能件，根据鞋柜施工图完成柜内层板的放置（图4-7）。

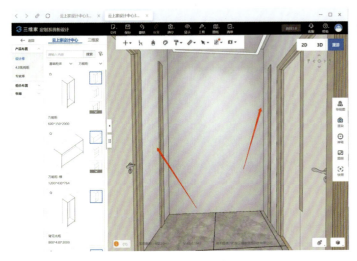

图 4-6　创建收口板

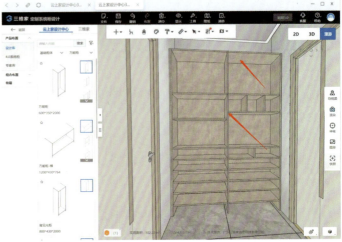

图 4-7　创建层板

③选择隔板，根据图纸生成柜门和抽屉（图 4-8）。

④单击鼠标右键，结合整体方案，完成顶线安装（图 4-9）。

图 4-8　创建柜门和抽屉

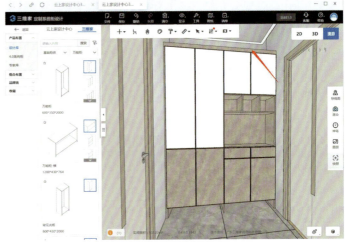

图 4-9　安装顶线

⑤修改完柜体、柜门、拉手、台面等的样式和材质后添加饰品（图 4-10）。

⑥现代风格玄关门厅整面高鞋柜全景效果可扫二维码查看。

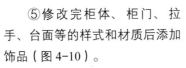

图 4-10　添加饰品

任务拓展

鞋柜设计注意事项如下。

（1）层板的间距为 15 ~ 18 cm，此高度可满足大多数运动鞋的高度。

（2）鞋柜要做成活动式的层板，可以方便将来使用时根据实际情况进行分割。

（3）鞋柜的高度为 2.2 ~ 2.3 m，这个高度比较便利，如果鞋柜过高，则不方便装修时搬运。

（4）鞋柜的最佳深度为 25 ~ 35 cm，这也是一个男性运动鞋的深度，在设计鞋柜时，首先要扣除门片的厚度，才能计算出柜内的实际深度。

课后练习

根据图 4-11 所示户型完成三维家鞋柜设计，鞋柜需要有台面，能放长筒靴，有方便放拖鞋的区域和一些放置装饰摆件的区域。

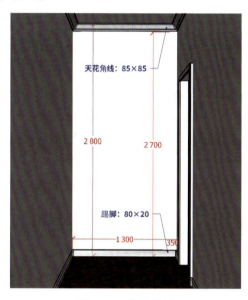

图 4-11　作业练习

任务三　定制隔断柜设计

视频：定制隔断柜设计

任务知识点

隔断柜又称为玄关柜，源于古代中式民宅推门而见的"影壁"（或称照壁），也就是现代家居中玄关的前身。中国传统文化重视礼仪，讲究含蓄内敛，有一种"藏"的精神。

隔断柜的设计作用如下。

（1）保持主人的私密性。为了避免客人一进门就将整个居室一览无余，在进门处用木质或玻璃作隔断，划出一块区域，在视觉上遮挡一下。

（2）起装饰作用。家人进门第一眼看到的就是玄关，这是客人从繁杂的外界进入这个家庭的最初感受。

（3）方便客人脱衣、换鞋、挂帽。最好把鞋柜、衣帽架、穿衣镜等设置在玄关内，鞋柜可做成隐蔽式，衣帽架和穿衣镜的造型应美观大方，和整个玄关风格协调。玄关的装饰应与整套住宅装饰风格协调，起到承上启下的作用。

任务实施

一、任务分析

以图 4-12 所示户型图为例设计隔断柜，空间为开放式门厅，入户门正对面放置隔断柜，要求达到私密性与装饰性的作用。

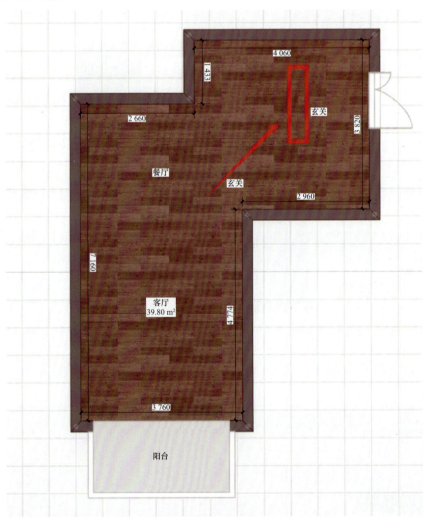

图 4-12　户型图

二、操作步骤

（1）根据户型分析，隔断柜应放在入户门正对面，并且隔断柜的设计应满足存放鞋子的功能和装饰功能，首先绘制隔断柜施工图（图 4-13）。

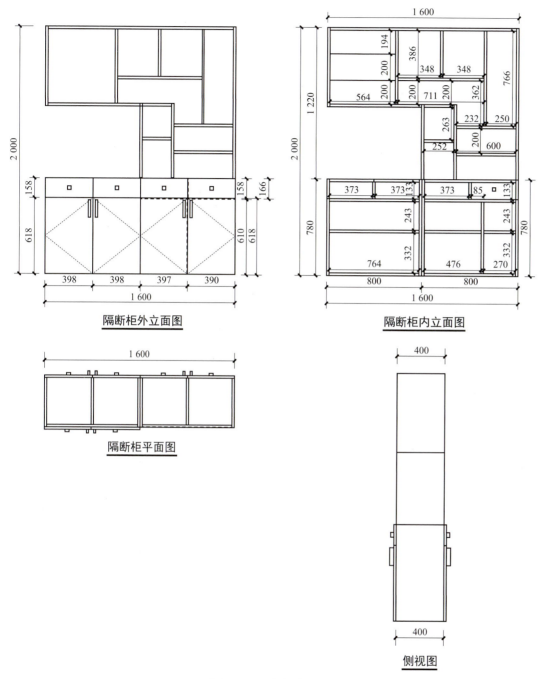

图 4-13 隔断柜施工图

（2）三维家软件操作。

①在定制模块下单击"系统柜"按钮，进入系统柜定制界面，完成万能柜位置摆放（图4-14）。

②进入功能件，放置柜内隔板和装饰柜隔板，根据隔断柜施工图完成柜内隔板的放置（图4-15）。

③进入板块编辑界面，根据隔断柜施工图生成柜门和抽屉（图4-16）。

④单击鼠标右键，结合整体方案完成饰品摆放，并修改柜体、柜门、拉手等的样式和材质（图4-17）。

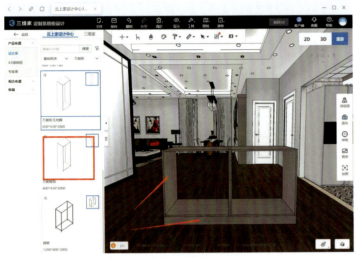

图 4-14　放置万能柜

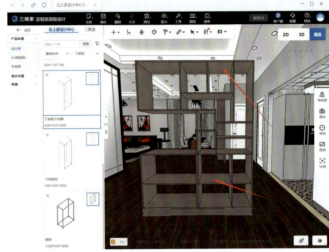

图 4-15　放置隔板

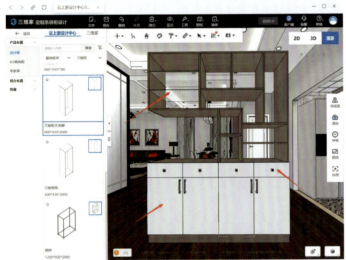

图 4-16　生成柜门和抽屉

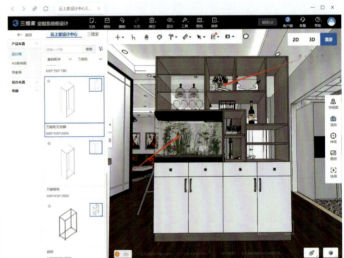

图 4-17　放置饰品

⑤现代风格玄关门厅隔断柜全景效果可扫二维码查看。

隔断柜全景效果

任务拓展

进门玄关处摆放什么较适宜？

植物与家居关系密切，植物不仅可以改变阴暗角落气流的沉滞，平缓刚刚进入室内的气流，还可以在特殊情况下产生能量，改变气场。例如，在有辐射的电气设备附近，植物会产生与静电相抵消的能量；在有毒素的空气中，植物具有净化的作用。植物还可以减少二氧化碳，增加氧气，吸尘、吸收放射性物质，并能抑制噪声。因此，在进门玄关处摆设植物对室内环境是十分有益的。

课后练习

根据图4-18所示户型图完成三维家隔断柜设计，隔断柜需要满足储存鞋子、阻挡视线、装饰的功能要求。

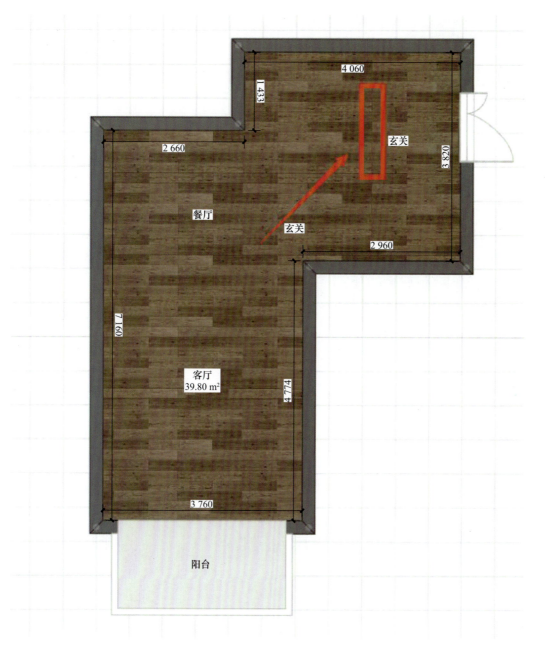

图4-18 作业练习

PROJECT FIVE

项目五　客/餐厅定制家具设计

知识目标

1. 掌握客/餐厅空间定制柜体的人体工程学尺寸；
2. 认识客/餐厅空间柜体的构成，熟悉柜体结构部件。

技能目标

1. 能根据不同空间合理设计客/餐厅家具；
2. 能绘制客/餐厅家具三视图；
3. 能用三维家软件绘制客/餐厅家具效果图。

素质目标

1. 培养独立自主的创新能力；
2. 认识真实工作的严谨性和规范性；
3. 培养良好的职业素养；
4. 培养团队合作能力。

任务一　客/餐厅家具设计基础

任务知识点

一、定制电视柜组合设计

（一）客厅空间构成元素

客厅室内家具配置主要有沙发、茶几、电视柜、酒吧柜及装饰品陈列柜等。因此，在设计中客厅与卧室等其他生活空间须有一定的区别，它的设计既要满足起居室多功能的需要，又要注意整个起居室的协调统一。设计时应充分考虑环境空间弹性利用，突出重点装修部位。在家具配置设计时应合理安排，首先充分考虑人流导航线路以及各功能区域的划分，然后考虑灯光色彩的搭配以及其他各项客厅的辅助功能设计，最后考虑它的功能需求和布局的合理完善（图5-1）。

（二）客厅家具常规尺寸

（1）矮柜。深度为350～450 mm；柜门宽度为300～600 mm。电视柜：深度为450～600 mm；高度为600～700 mm。

图5-1　客厅效果图

（2）沙发。深度为800～900 mm；坐垫高350～450 mm；背高700～900 mm；长度：单人式800～1 000 mm，双人式1 500 mm左右，三人式1 800 mm左右，四人式2 400 mm左右。

（3）茶几类。

①长方形：小型长度为600～750 mm，宽度为450～600 mm，高度为380～500 mm（380 mm最佳）；中型长度为1 200～1 350 mm，宽度为380～500 mm或者600～750 mm；大型长度为1 500～1 800 mm，宽度为600～800 mm，高度为330～420 mm（330 mm最佳）。

②正方形：中型长度为750～900 mm，高度为430～500 mm；大型长度为900 mm，1 050 mm，1 200 mm，1 350 mm，1 500 mm，高度为330～420 mm。

③圆形：直径为750 mm，900 mm，1 050 mm，1 200 mm；高度为330～420 mm。

（4）壁挂电视。中心线距地高度一般为1 100 mm，常规控制在1 000～1 300 mm。

二、定制酒柜和餐边柜设计

（一）餐厅空间构成元素

餐厅中的家具占地面积要比一般起居室、卧室等空间中的家具占地面积大得多，甚至整个厅堂为桌椅所覆盖，因此，餐厅的气氛、面貌在一定程度上被家具的造型、色彩和质地所约束。餐厅的家具主要包括餐桌、餐椅、餐边柜、酒柜及部分放置装饰品的家具。在餐厅的具体设计中，需重要考虑的是怎样布置家具来满足人们的餐饮要求，以及从空间环境和特定氛围塑造出发，确定家具的样式和风格（图5-2）。

图5-2　餐厅效果图

（二）餐厅酒柜和餐边柜的功能

（1）展示：平日可作为展示桌，摆放装饰品、花瓶或照片，可使餐厅显得更加精致、美观。

（2）餐桌辅助：必要时还可将餐边柜作为餐桌收纳辅助，电饭煲、水壶等可放在餐边柜上，保持餐桌简洁。

（3）储酒：可在餐边柜内或侧面增设酒柜，作为储酒柜使用。

（4）储物：合件的柜体还可以起到储物功能。

（三）酒柜和餐边柜的常规尺寸

（1）矮柜。一般高度为 800～1 000 mm（根据客户需求定制，基本不会超过 1 000 mm）。

（2）高柜。

①常见的高度为 2 000～2 400 mm，因为顶部拿取不便，且不能储藏大件物品，所以到顶或者超过 2 400 mm 的餐边柜不常见。

②常见厚度为 300～350 mm（含门），起初是根据红酒横放所需的深度来设置的，之后不同客户会根据操作的方便程度来加大酒柜厚度。

视频：定制电视柜设计

任务二　定制电视柜设计

任务知识点

一、电视柜柜体构成

（1）按结构一般分为地柜式、组合式、板架结构等几种类型。

（2）按材质可分为钢木结构、玻璃/钢管结构及板式结构。随着时代的发展，越来越多的新材料、新工艺用在了电视柜的制造设计上，体现出其在家具装饰和实用上的重要性（图 5-3）。

二、电视柜常规尺寸

（1）电视柜最小尺寸：2 000 mm × 500 mm × 1 800 mm。

（2）电视柜厚度：上部至少要 300 mm，下部摆放电视的柜体至少要 500 mm。

（3）电视柜深度为 450～600 mm，高度为 600～700 mm（图 5-4）。

图 5-3　定制电视柜 1

图 5-4　定制电视柜 2

项目五　客/餐厅定制家具设计　063

任务实施

一、任务分析

根据图 5-5 所示户型图，设计一个组合电视柜，在符合美观的情况下，需要考虑更多的储存空间。

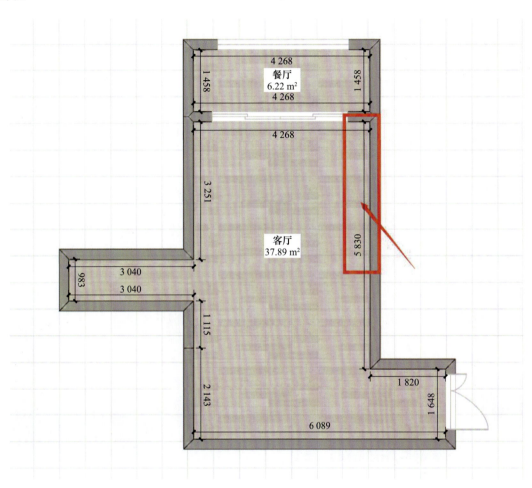

图 5-5　客/餐厅户型图

二、操作步骤

（1）根据户型分析，客户家客厅应设计组合电视柜，首先绘制电视柜施工图（图 5-6）。
（2）三维家软件操作。
①在定制模块下单击"系统柜"按钮，进入系统柜定制界面，根据电视柜施工图放置收口板（图 5-7）。
②放置外框架，设置踢脚高为 0，进入功能件界面，根据电视柜施工图纸完成边柜（图 5-8）。
③根据电视柜施工图纸完成其他柜体（图 5-9）。
④单击鼠标右键，结合整体方案完成顶线安装，并修改柜体、柜门、拉手、台面等的样式和材质（图 5-10）。

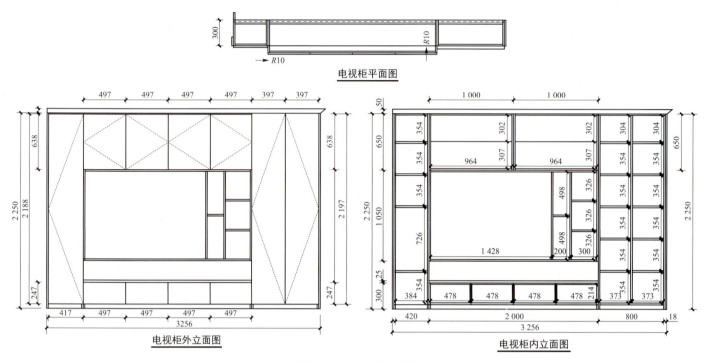

图 5-6　电视柜施工图

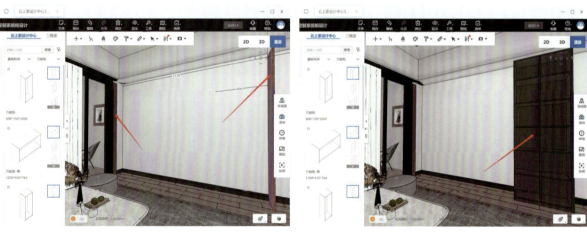

图 5-7　创建收口板　　　　　　　　图 5-8　创建边柜

图 5-9　创建万能柜

图 5-10　创建柜门

⑤修改完柜体、柜门、拉手、台面等的样式和材质后添加饰品（图 5-11）。
⑥现代风格客厅电视柜全景效果可扫二维码查看。

图 5-11　添加饰品

任务拓展

电视安装问题如下。
（1）立式电视。
①电视柜高度应该确保电视摆放后电视中心离地 1 100 ~ 1 200 mm；
②当柜体为组合柜时注意电视机尺寸，确保有足够位置摆放电视。
（2）挂式电视。
①挂式电视需与电视柜之间保留一定距离；
②当柜体为组合柜（有后挂板）时注意留足够位置安装电视，且将插座前移至挂板上（图 5-12）。

图 5-12　挂式电视效果图

课后练习

根据图 5-13 所示户型图完成三维家电视柜设计，要求美观、有设计感，形式不限。

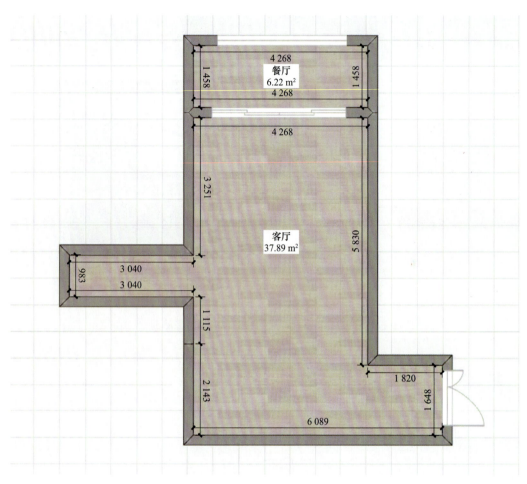

图 5-13 作业练习

任务三　定制酒柜设计

🔖 任务知识点

现代家庭的装修设计，一般的理念是美观和实用并重，在餐厅区域，家庭餐厅酒柜的装修也是不可忽视的一个问题，尤其对于很多年轻人而言，在餐厅中设计一个酒柜是最基本的配置。对于家庭餐厅酒柜装修，有很多注意事项，而且随着装修理念的不断发展，也出现了一些新的理念。

🔖 任务实施

一、任务分析

以图 5-14 所示户型图为例设计餐厅酒柜，要求经济实用，需要预留操作台用于摆放小电器，并能储存餐具，还能起到装饰作用。

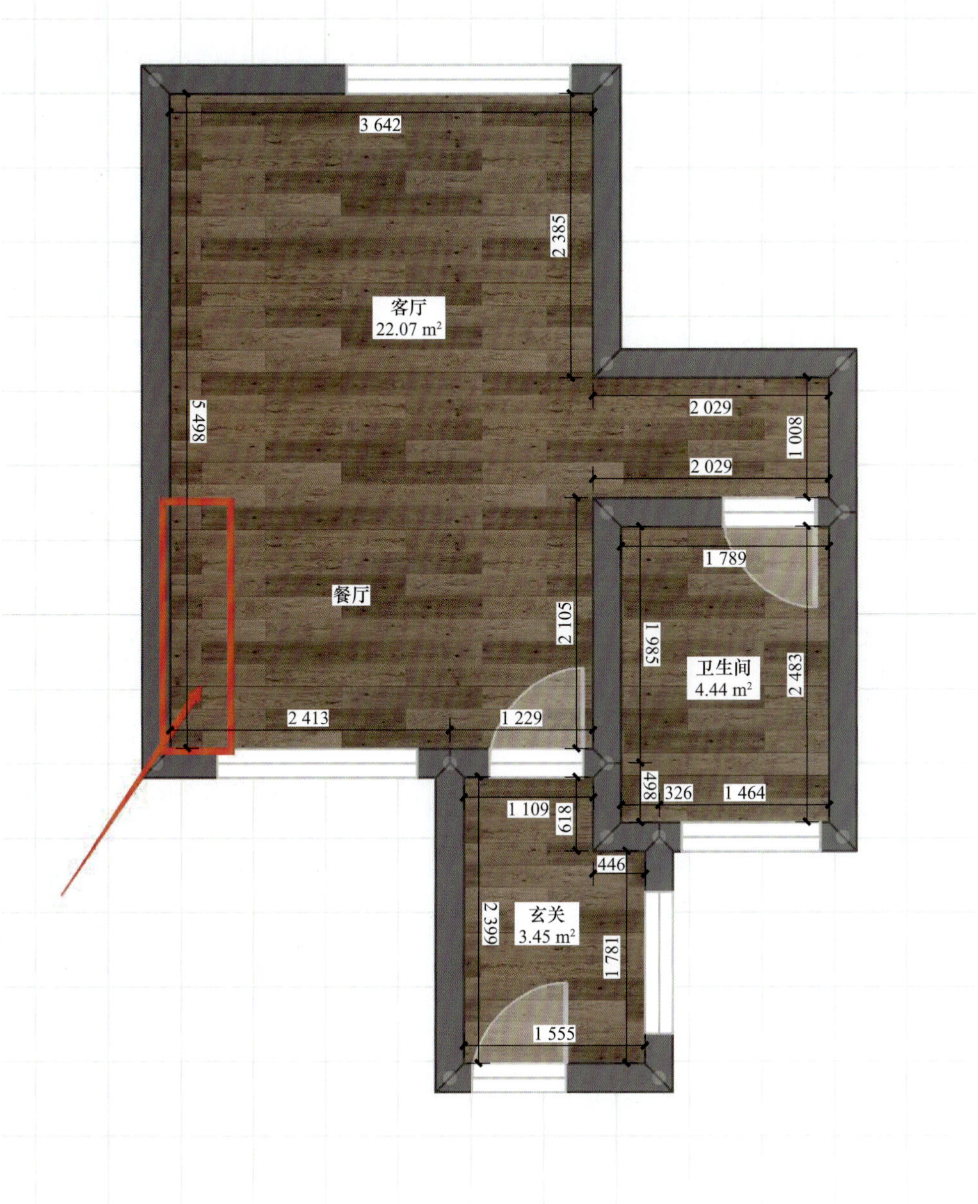

图 5-14　客/餐厅户型图

二、操作步骤

（1）根据户型分析，酒柜应放置在餐厅左手边，并且酒柜的设计应满足存放餐具和装饰的功能要求。首先绘制酒柜施工图（图 5-15）。

（2）三维家软件操作。

①在定制模块下单击"系统柜"按钮，进入系统柜定制界面，完成万能柜位置摆放，万能柜宽 2 400、深 350、高 2 500（图 5-16）。

②进入功能件界面，放置柜内隔板，根据图纸完成柜内隔板的放置（图 5-17）。

③进入功能件界面，放置装饰隔板，根据图纸完成装饰隔板的放置（图 5-18）。

④单击鼠标右键，结合整体方案完成饰品摆放，并修改柜体、柜门、拉手等的样式和材质（图 5-19）。

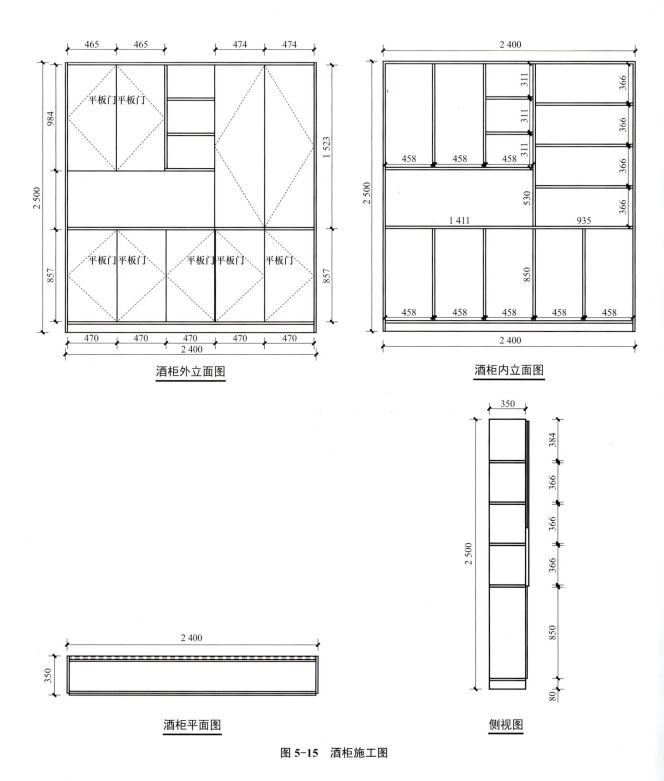

图 5-15 酒柜施工图

项目五　客/餐厅定制家具设计　069

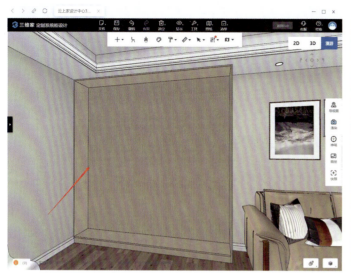

图 5-16　放置万能柜

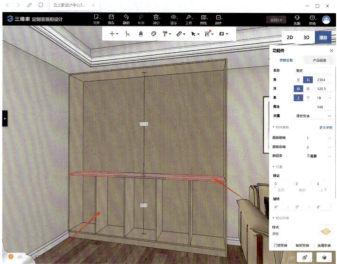

图 5-17　放置柜内隔板

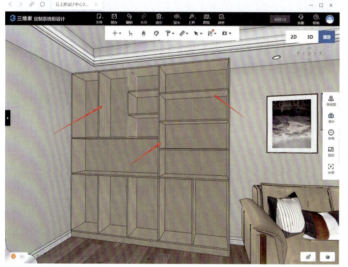

图 5-18　放置装饰隔板

图 5-19　生成柜门和摆放饰品

⑤现代风格餐厅酒柜全景效果可扫二维码查看。

任务拓展

如何选择适合自己的餐边柜？

餐边柜可以分为餐厅餐边柜、餐桌餐边柜、T 形餐边柜三种。

（1）餐厅餐边柜：一般深度较大，离餐桌较远，适合储藏稍大但不是很常用的东西，如水壶和咖啡壶之类的器具。

（2）餐桌餐边柜：台面较薄，离餐桌较近，非常适合摆放高频使用的零碎物品。

（3）T 形餐边柜：台面一体化设计，伸手拿东西方便，不用进一步移动，使用后放回原处非常方便，台面整洁。

课后练习

根据图 5-20 所示户型图完成三维家酒柜设计，酒柜需要具有储酒功能、餐桌辅助功能、装饰功能。

图 5-20　作业练习 2

视频：定制装饰柜设计

任务四　定制装饰柜设计

任务知识点

1. 装饰柜的概念

每个人的家里都有各式各样的柜子，如床头柜、酒柜、鞋柜等。这些柜子不仅起到储物的作用，如挂柜、边柜等，还具有装饰的作用。所谓的装饰柜，顾名思义，就是主要用作装饰的柜子。

２．装饰柜的尺寸

装饰柜的尺寸有很多种。例如：450 mm×305 mm×177 mm，这是一种很常见的装饰柜尺寸。2 000 mm×596 mm×300 mm 尺寸的装饰柜相对来说大一些。但是，不管哪种尺寸的装饰柜，客户在选择时需考虑家里预留装饰柜的面积。

任务实施

一、任务分析

以图 5-21 所示户型图为例设计装饰柜，空间为开放式门厅，入户门正对面放置隔断柜，要求起到私密性和装饰性的作用。

图 5-21　客/餐厅户型图

二、操作步骤

（1）根据户型分析，装饰柜放置在餐厅上方的整面墙处，并且装饰柜在满足存放装饰品要求的同时具有储存餐具等的储物功能。首先绘制装饰柜施工图（图 5-22）。

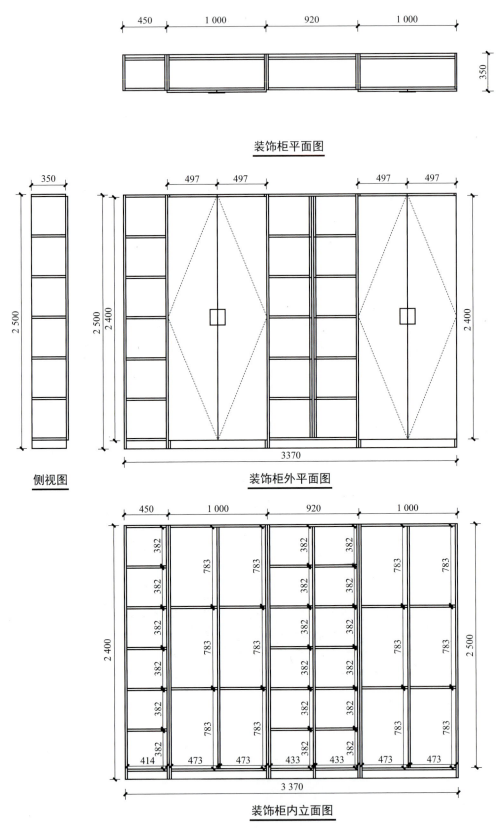

图 5-22 装饰柜施工图

（2）三维家软件操作。

①在定制模块下单击"系统柜"按钮，进入系统柜定制界面，完成万能柜位置摆放（图5-23）。

②进入功能件界面，根据图纸完成柜内隔板的放置（图5-24）。

③进入功能件界面，根据图纸完成装饰隔板的放置（图5-25）。

④进入板块编辑界面，完成柜门生成，单击鼠标右键，结合整体方案完成饰品摆放，并修改柜体、柜门、拉手等的样式和材质（图5-26）。

图5-23　放置万能柜　　　　　　　　　　图5-24　放置柜内隔板

图5-25　创建装饰隔板　　　　　　　　　图5-26　生成柜门

（3）现代风格装饰柜全景效果可扫二维码查看。

装饰柜全景效果

任务拓展

儿童房衣柜设计需要注意的问题如下。

（1）环保度：儿童房最重要的就是安全问题，所以儿童房衣柜的选购要以环保健康为首要前提。

（2）尺寸：儿童衣柜要符合孩子的高度，考虑到孩子的身高、年龄以及衣柜的使用期限，一般儿童房衣柜的高度可以设置在 2 m 左右。

（3）细节处理：孩子贪玩难免会磕碰，所以儿童房衣柜的边角应该注意做适当的圆滑处理，这样可以避免孩子撞到衣柜的边角而造成伤害。

（4）色彩：儿童房的设计一般以多样颜色为主，以突出儿童房气氛。儿童房衣柜选择浅色、纯色的比较好，当然也可以混搭多种颜色，主要还是要看儿童房整体的主题。

课后练习

根据图 5-27 所示户型图完成三维家装饰柜设计，装饰柜需要能够存放装饰品，还要能够存放餐具。

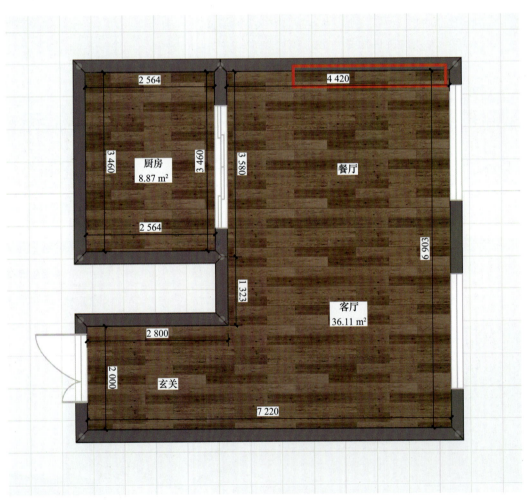

图 5-27　作业练习 3

PROJECT SIX

项目六 卧室定制家具设计

知识目标

1. 掌握卧室空间定制柜体的人体工程学尺寸；
2. 了解卧室空间柜体的构成，熟悉柜体结构部件。

技能目标

1. 能根据卧室空间合理设计家具；
2. 能绘制卧室空间不同种类家具三视图；
3. 能用三维家软件绘制卧室家具效果图。

素质目标

1. 培养独立自主的创新能力；
2. 认识真实工作的严谨性和规范性；
3. 培养良好的职业素养；
4. 培养团队合作能力。

任务一 卧室家具设计基础

任务知识点

一、卧室家具设计元素

1. 卧室构成元素

根据卧室功能要求，卧室中的基本家具元素有床、床头柜、衣柜。如果空间较大，可以放置梳妆台、斗柜、电视柜等。衣柜作为主要的卧室定制家具非常重要。

2. 衣柜柜体构成

衣柜柜体基本由柜体板和柜门组成，柜体板有外侧板、顶板、底板、层板、背板、地脚、中侧板（图6-1）。其他板件由柜体的侧封板、辅助板、楣板、拉条等组成。

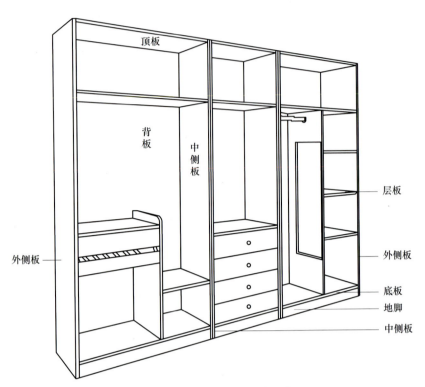

图 6-1 定制衣柜柜体板的组成

二、定制衣柜设计原理

视频：卧室家具设计基础

定制衣柜设计基本遵循四个原理：人性化、功能化、模块化、标准化。

1. 人性化

根据卧室中的人体工程学，做出图 6-2 所示的便于使用的衣柜设计。

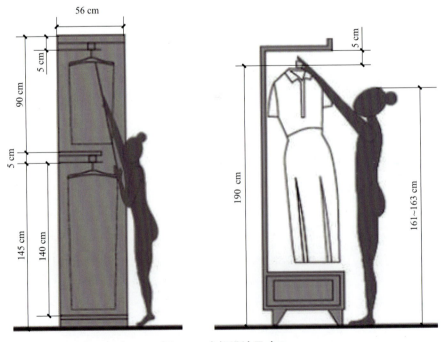

图 6-2 衣柜设计尺寸 1

定制衣柜的内部区域通常分为四部分（图6-3）：① 1 850 mm以上，非常用衣物放置区；② 650～1 850 mm，常用衣物放置区；③ 0～1 200 mm，裤架及抽屉区；④ 0～600 mm，小件物品放置区。

2. 功能化

根据功能划分，通常把定制衣柜划分为图6-4所示的几个区域。

3. 模块化

为了更快捷高效地设计定制衣柜，将其模块化进行组合，如图6-5和图6-6所示。

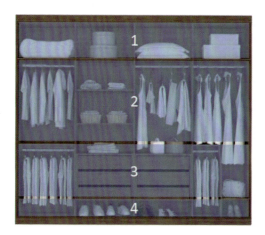

图6-3 衣柜设计尺寸2

图6-4 衣柜内部功能区划分

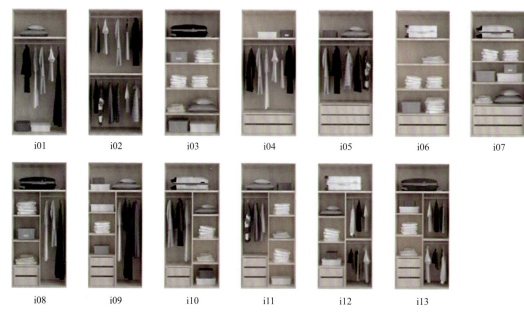

图6-5 衣柜模块

图 6-6　衣柜模块组合

4. 标准化

根据衣柜储藏不同衣物的尺寸，进行符合标准的衣柜内部尺寸设计，如图 6-7 所示。

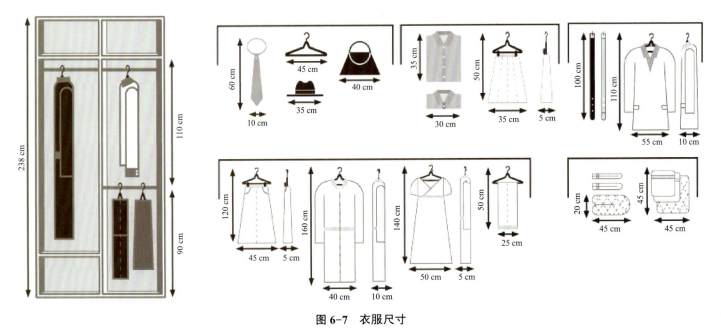

图 6-7　衣服尺寸

三、常见衣柜功能配件

（一）百宝格

完美的衣柜必须有百宝格，平常存放服饰配件，如领带、皮带、项链等。其存取物品方便，打破了整齐一致的局限性，同时贴合收藏品的大小等特点，带来视觉上的愉悦，如图 6-8 所示。

（二）陈列区

陈列区属于衣柜的画龙点睛之处，可展示主人的穿衣特点和生活品位。陈列区可以是开放式的，也可以是玻璃透明式的。开放区可以储放收藏品或包、帽子等物，如图 6-9 所示。

图 6-8　百宝格　　　　　　　　　　图 6-9　陈列区

（三）裤架

衣柜裤架作为衣柜中最常见的搭配之一，是收纳日常的裤子的一个小物件，其形状、材质有很多种，如图 6-10 所示。

图 6-10　裤架

课后练习

尝试制作衣柜定制模块，设计三种以上衣柜定制方案。

任务二　定制趟门衣柜设计

任务知识点

一、定制趟门衣柜构成元素

趟门衣柜基本由趟门和单元柜两部分组成。趟门由门芯板、门框、轨道组成。

1. 趟门

（1）门芯板。腰线也属于门芯板，但并不是每一个门芯板都有腰线；门芯板材质类型多样，包括柜身板材、玻璃、彩印、吸塑、岩石板等。

（2）门框。门框常见材质为铝合金与铝镁合金，这两种材质抗变形、抗腐蚀能力都很强，但铝镁合金的材质更轻一些。根据门板类型的不同，门框的宽度也不同，常见为 60 mm/45 mm，也有几毫米宽的门框。

（3）轨道。轨道分为下、上轨，常见材质为铝合金、拉丝不锈钢和冷轧钢等。

注意：随着工艺的不断进步，门框、轨道、门芯材质都在不断突破之前的局限，个别高端的定制品牌工艺能打破此规范。

2. 单元柜

其内部结构和基础衣柜内部结构一致，由侧板、顶板、底板、层板、背板、挂衣杆和其他功能件组成。

二、定制趟门衣柜类型

1. 有顶柜趟门衣柜

有顶柜趟门衣柜一般为到顶衣柜（图 6-11）。

（1）轨道安装于顶柜的底板上或下柜垫板上。

（2）当轨道安装于下柜垫板上时，需注意下柜的结构是单元柜顶板盖住所有中竖板的结构。

（3）当轨道安装于顶柜底板上时，需注意单元柜柜体与侧板同高，否则顶柜无法安装。

2. 无顶柜趟门衣柜

无顶柜趟门衣柜分两种情况：客户要求不需要到顶和受层高限制（图 6-12）。

（1）轨道安装于门框顶板与下垫板上。

（2）内部单元格可以与门框共用侧板，也可以使用独立侧板。

（3）为了安装方便，一般超过 1 200 mm 的单元柜都会做成两个独立的不共用侧板的单元柜，也可以做不独立的形式，但是不建议这样做。

三、趟门衣柜设计尺寸

（1）趟门衣柜内部深度常见的为 500 mm，外侧板深度常见的为 600 mm，单个单元柜尺寸以及板长、板宽与基础衣柜内部结构尺寸标准一致。

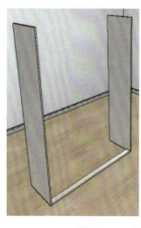  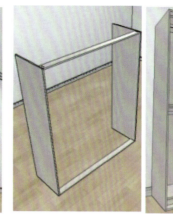 

图 6-11　有顶柜趟门衣柜　　　　　图 6-12　无顶柜趟门衣柜

（2）柜体深度一般为 600～650 mm，受人体工程学和南北方差异影响；常见的为 600 mm，柜体宽度适宜为 800 mm。

（3）单扇门板宽度一般为 600～1 100 mm，不宜小于 550 mm，因比例美观度不够，根据门板厚度不同，可能会因为质量不够导致跳框。

门板宽度不宜大于 1 100 mm，因门板太重会导致滑轮超负荷，使用寿命不长。

（4）单扇门板高度最大尺寸为 2 400 mm，当中间无腰线、无中横框时，不建议做成 2 400 mm。

任务实施

一、客户需求

在图 6-13 中凹陷处设计一个到顶的趟门衣柜，需要一个普通抽屉、西裤抽架，需要长、短衣物分区，挂衣服较多，需要放置大件棉被区域，需要齐平墙体，设计合理美观，满足需求，天花角线和踢脚线不可拆。

二、操作步骤

1. 绘制三视图

绘制趟门衣柜三视图，如图 6-14 所示。

2. 三维家操作

（1）创建趟门衣柜底柜结构，如图 6-15 所示。

（2）创建平开门顶柜，如图 6-16 所示。

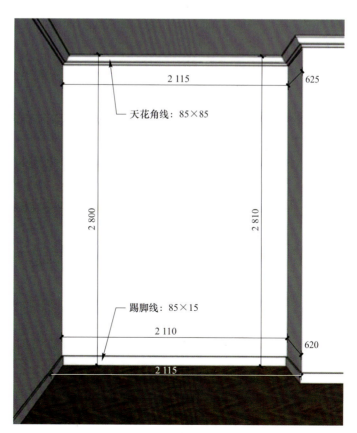

图 6-13　现场尺寸图

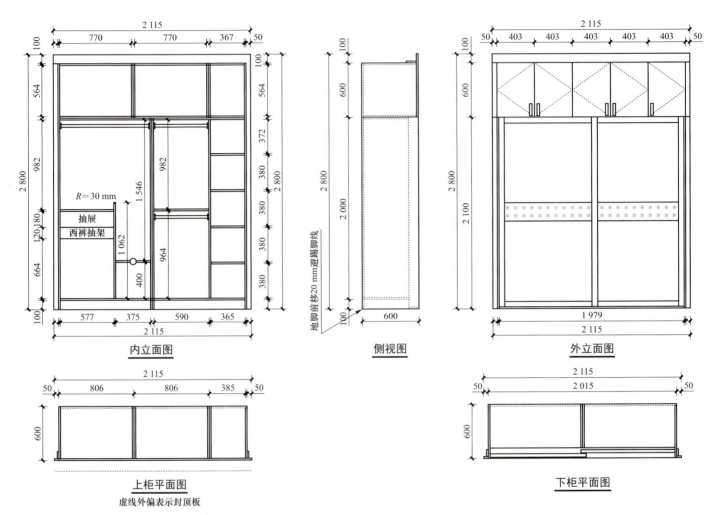

图 6-14 趟门衣柜三视图

图 6-15 趟门衣柜底柜结构　　　　　　　　　图 6-16 平开门顶柜

（3）完善整体趟门衣柜顶线并检查收口板，如图 6-17 所示。
（4）生成贴合衣柜框架的趟门，如图 6-18 所示。
（5）修改柜体、柜门的样式和材质，如图 6-19 所示。

图 6-17　趟门衣柜顶线和收口板

图 6-18　衣柜框架的趟门

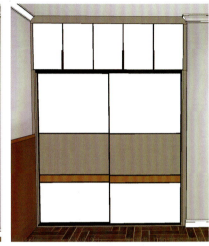

图 6-19　修改样式和材质

（6）扫二维码查看轻奢风格趟门衣柜全景漫游图。

趟门衣柜全景效果

任务拓展

一、趟门衣柜三视图绘制注意事项

（1）所有基础结构与要求都与基础衣柜内部结构设计一致。因趟门是左右推拉结构，故内部结构中抽屉靠墙侧板一侧不需要加封板，且注意抽屉宽度不要超过开门洞口尺寸。

（2）推拉门只需要标净空，工厂会自行计算门板大小，下柜外侧板是外露的，所以顶柜两侧板为了美观可以外露，也可以不外露。因为上、下柜深度不一样，所以需要画两个不同的俯视图，并且俯视图应该与门板图尺寸对齐，并备注名称。

注意：侧视图要画出推拉门的安装位置。

二、趟门设计尺寸

（一）趟门数量

根据宽度选择合适的门板数量，相同宽度下两门比三门使用方便，四门适合宽度较大的柜体，且最为好用；宽度小于 1 100 mm 是不适合做推拉门的，如图 6-20 所示。

（二）趟门实际打开核算距离

（1）两门趟门实际开门尺寸 =（门框净空 − 门框宽度）/2。
（2）三门趟门实际开门尺寸 =（门框净空 − 2 × 门框宽度）/3。

注意：准确核算门板的实际打开尺寸可以避免内部外拉的功能件不会被推拉门挡住，如图 6-21 所示。

视频：定制趟门衣柜设计

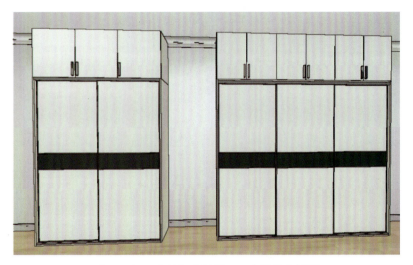

图 6-20　两扇趟门衣柜图、三扇趟门衣柜图

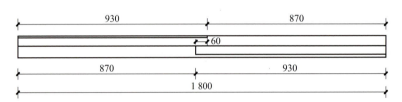

图 6-21　以门框净空 1 800 为例，核算距离示意

课后练习

设计一款宽 2.1 m、高 2.8 m 的到顶趟门衣柜。设计要求：需要一个普通抽屉、西裤抽架，需要长、短衣物分区，挂衣服较多，需要放置大件棉被区域。

任务三　定制掩门衣柜设计

视频：定制掩门衣柜设计

任务知识点

定制掩门衣柜的设计原则如下。

（1）衣柜深度一般为 500 ~ 600 mm，常见的为 520 mm。

（2）柜体（不含门）深度一般为 480 ~ 580 mm，常见的为 500 mm。单个单元柜尺寸：高度最大为 2 400 mm，宽度最大为 1 200 mm 时采用竖纹；宽度最大为 2 400 mm，高度最大为 1 200 mm 时采用横纹。

（3）层板在两个竖板之间且中间无支撑的情况下，层板跨度尺寸适宜在 800 mm 以内。背板为 9 mm 或 5 mm 时安装卡槽。特殊情况下，背板为 18 mm 板。

（4）单扇门板宽度一般为 400 ~ 450 mm，小于 350 mm 时比例不够美观，大于 550 mm 时门板太重。单扇门板高度最大为 2 400 mm。除特殊板材外，超过 1 600 mm 时加门板拉直器，金属边框的门板除外。

任务实施

一、任务分析

根据图 6-22 所示空间设计一个到顶的平开门衣柜，使用者为一个 8 岁的小女孩。希望尽量培养小朋友独立自主以及习惯收纳的生活习惯。需要放置大件棉被区域。要求平开门衣柜齐平墙体，设计合理美观，满足需求；天花角线和踢脚线和可拆，但天花角线需要安装在衣柜顶封板上。

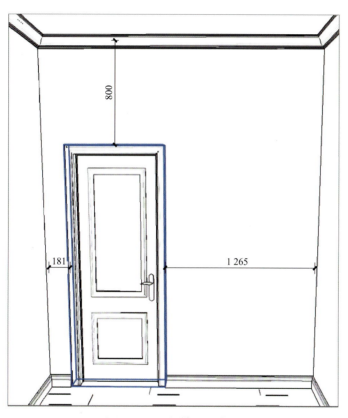

图 6-22　现场情况尺寸图

二、操作步骤

（一）明确方案中的人体工程学尺寸

定制产品根据客户需求，身高不同会有不同的尺寸需求。本案例层板结构中挂衣区合理尺寸为 1 000 mm 左右，叠衣区合理尺寸为 350 ~ 450 mm，过季衣物区合理尺寸为 600 mm 左右，长衣区合理尺寸为 1 400 mm 左右。

（二）绘制设计图

绘制定制掩门衣柜设计图，如图 6-23 所示。

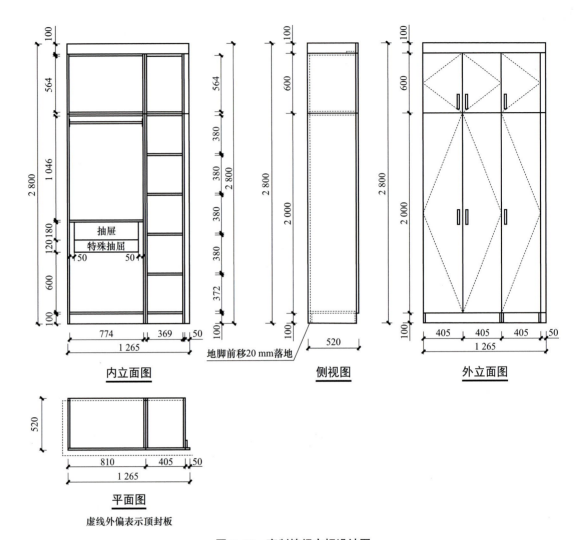

图 6-23 定制掩门衣柜设计图

（三）画图细节规范

（1）挂衣杆厚度为 30 mm，离上层板 50 mm。

（2）抽屉面高度为 180 mm，特殊抽屉高度为 120 mm。

（3）避铰链封板尺寸为 30～50 mm。

（4）背板尺寸为 9 mm，前移 20 mm 安装卡槽；当出现房屋内踢脚线无法避开的情况时，可以现场切侧板底部以避开踢脚线。

（5）柜体一边靠墙时配修口板，厚 18 mm。两边靠墙时一边加修口板，一边加收口板，不能小于 30 mm，也可两边加收口板。

（6）顶封板不见光时为"一"字形，两面见光时为"L"形，三面见光时为"U"形，四面见光时为"口"字形。

（四）三维家软件操作

（1）创建掩门衣柜底柜，如图 6-24 所示。

（2）创建掩门衣柜顶柜，如图 6-25 所示。

 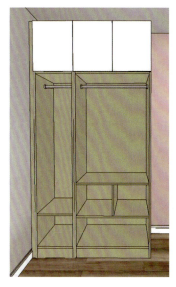

图 6-24　掩门衣柜底柜　　　　　　图 6-25　掩门衣柜顶柜

（3）创建掩门衣柜整体造型柜门及套柜，如图 6-26 所示。
（4）增加功能柜及顶线，检查有无遗漏，整体结构效果如图 6-27 所示。

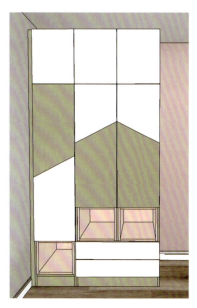 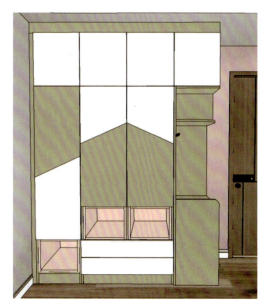

图 6-26　掩门衣柜造型柜门及套柜　　　　　　图 6-27　整体结构效果

（5）北欧风格掩门衣柜全景效果图扫二维码查看。

掩门衣柜全景效果

任务拓展

掩门衣柜设计图绘制注意事项如下。
（1）门板大小尽量均分，最好为整数，门板大小出入允许在 1 ~ 2 mm 内（图 6-28）。
（2）上、下门板门缝尽量对齐，上、下门板的高度比例要保证美观。

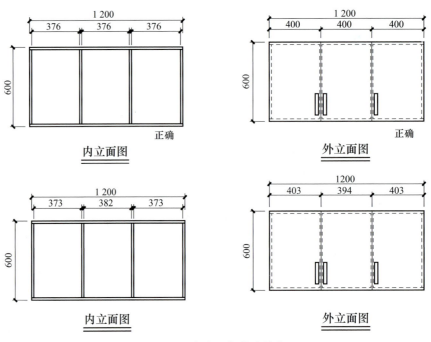

图 6-28 柜门、柜体应均分

课后练习

绘制一款宽 2.4 m、高 2.7 m 的掩门衣柜三视图。要求设计合理，绘制规范。

任务四　定制避梁包柱衣柜设计

任务知识点

梁与柱是定制家具中最常见的异形结构，也正是因为有梁、柱这些结构才促使定制家具比成品家具更实用、更受欢迎，所以避梁避柱是本任务的学习内容。

一、避梁衣柜设计原则

根据梁体结构，避梁衣柜设计处理方法分为以下四种。

（1）避梁见光：配一块完整的侧板在现场进行切割，如图 6-29 所示。

（2）避梁不见光：正常切角并不影响美观，如图 6-30 所示。

（3）避梁梁较矮：用后切角柜，切角后可利用空间较大，切角位置背板为 18 mm，和（2）的情况类似。

（4）避梁梁较高：用浅柜，后切角柜也能做出来，但可利用的空间并不大，且工艺麻烦，容易出错，如图 6-31 所示。

注意：很多时候会出现多种情况的叠加，所以要多种设计手法相结合，以确保产品美观实用。

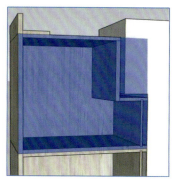 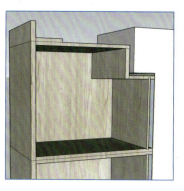 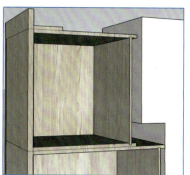

图 6-29　避梁见光　　　　图 6-30　避梁不见光　　　　图 6-31　浅柜

二、包柱衣柜设计原则

根据柱体结构，包柱衣柜设计处理方法分为以下四种。

（1）一般柱体时，采用切角柜结构，如图 6-32 所示。
（2）柱体宽度较小，厚度较大时，采用封板避让结构，如图 6-33 所示。
（3）柱体宽度较大，厚度较小时，采用浅柜结构，如图 6-34 所示。
（4）柱体宽度、厚度均较大时，采用浅柜或假门结构，如图 6-35 所示。

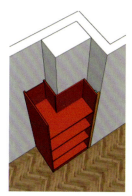 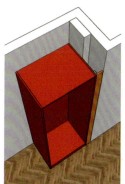 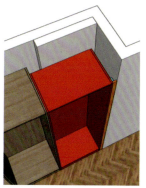 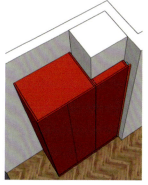

图 6-32　切角柜　　　图 6-33　封板避让　　　图 6-34　浅柜　　　图 6-35　浅柜或假门

任务实施

一、任务分析

在图 6-36 中凹陷处设计一个到顶的掩门衣柜，需要一个普通抽屉和西裤抽架，需要长、短衣物分区，挂衣服较多，需要放置大件棉被区域，需要齐平墙体，要求设计合理美观，满足需求。

二、方案设计分析

该场景中在屋顶处有一道横梁，根据其尺寸可做后切角柜设计，剩余空间利用率较大。在内陷区域做衣柜设计，左、右需放置 30～50 mm 收口板，做五扇门避梁掩门衣柜。

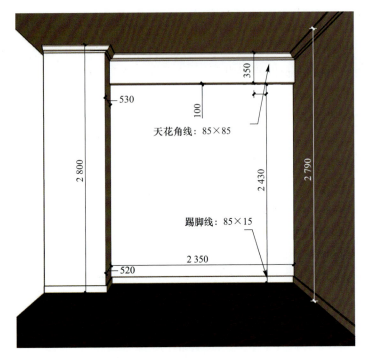

图 6-36　现场情况尺寸图

三、绘制三视图

绘制避梁掩门衣柜三视图，如图 6-37 所示。

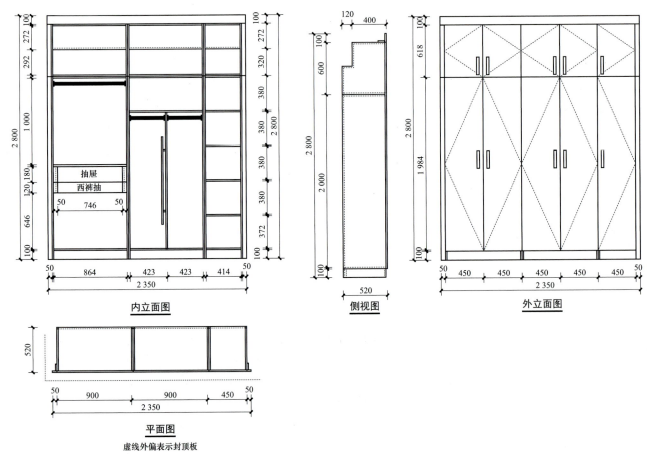

图 6-37　避梁掩门衣柜三视图

四、画图细节规范

（1）画完三视图后在内部结构图中找到切角位置（在梁高基础上加 10～20 mm），如梁高为 100 mm，则切角位置为 120 mm。

（2）用延长线在侧视图中找到切角位置，然后偏移出梁厚度切口（以梁厚度为基础加 10～20 mm），如梁厚度为 100 mm，则切角位置为 120 mm。

（3）门板图基本与常规衣柜门板图无异。

（4）在俯视图上画出梁厚，并画出不同背板结构。

注意：确定好虚、实线，需要文字备注的地方应备注清楚，用标尺检查三视图尺寸线是否完全统一。

五、三维家软件操作

（1）创建避梁衣柜底柜，如图 6-38 所示。

（2）创建避梁衣柜顶柜，确定顶柜避梁厚度切口，在梁厚的基础上加 10～20 mm，在梁高的基础上加 10～20 mm，如图 6-39 所示。

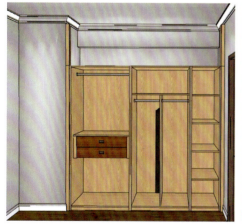

图 6-38 避梁衣柜底柜

图 6-39 避梁衣柜顶柜

（3）完善避梁衣柜柜门和细节，如图 6-40 所示。

图 6-40 避梁衣柜柜门和细节

（4）北欧风格避梁衣柜全景效果可扫二维码查看。

视频：避梁衣柜全景效果

任务拓展

（1）遇到需要避梁避柱的情况时，处理方法如下。

①上柜避梁，下柜避柱，重叠做浅柜。

②柱子深度与梁深度不一致时，红色区域为浅柜深度，则按照梁柱最厚的深度决定，如图 6-41 所示。

（2）需包柱时，切角柜一般切角位置背板尺寸为 18 mm，无切角位置为 9 mm/5 mm 卡槽，主要考虑结构的稳固性。

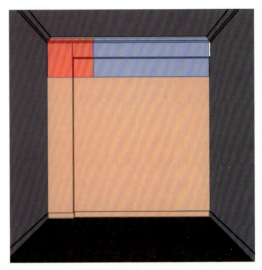

图 6-41　柱子深度与梁深度不一致

课后练习

客户需求：设计一个到顶衣柜，男性业主20岁，大学在读，不太喜欢整理与叠衣服；需要长、短衣物分区，挂衣服较多；需要放置大行李箱（24寸，自行查阅尺寸）；天角线与踢脚线不可拆，合理利用空间（图 6-42）。

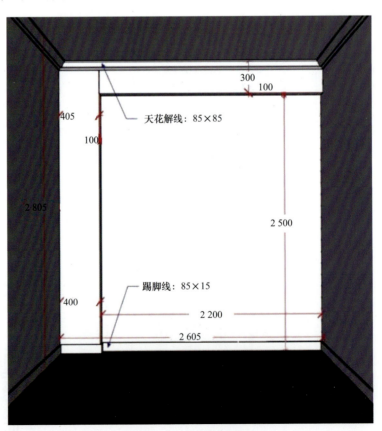

图 6-42　设计到顶衣柜

任务五　定制 U 形衣帽间设计

任务知识点

U 形衣帽间顾名思义就是呈 "U" 字形的衣帽间，其实在具体尺寸方面没有特别的限制。可根据空间大小来具体设计 U 形衣帽间尺寸。理想的 U 形衣帽间尺寸为 4～6 m²，在空间够大的情况下，也可以做得更大。

1. 常规尺寸

一般的 U 形衣帽间宽度至少不小于 90 cm，厚度不小于 50 cm。U 形衣帽间的常规尺寸是大于 4 m²，因为若宽度小于 90 cm，人就很难活动了。

2. 最小尺寸

衣帽间的最小尺寸应为 4 m²，那么 U 形衣帽间最小尺寸应该控制在 2.5 m×1.5 m。其中进深为 60～80 cm 的柜体是最实用的。

任务实施

一、任务分析

在图 6-43 中，以层高 2.8 m 设计一个到顶衣帽间。该衣帽间主要是女性业主使用，她不太喜欢整理与叠衣服，需要长、短衣物分区，挂衣服较多；需要有包、首饰陈列区；需要放置两个大行李箱（24 寸，自行查阅尺寸）；喜欢宽敞明亮的感觉，请合理利用空间。

图 6-43　设计到顶衣帽间

二、方案设计分析

该户型空间较大，可做 U 形衣帽间，充分利用空间，因女性业主喜欢宽敞明亮，故风格定为现代轻奢，以爱马仕橙为点缀，采用长拉手镶金边玻璃柜门，营造明亮轻奢的氛围。

三、绘制三视图

绘制衣帽间施工图，如图 6-44～图 6-47 所示。

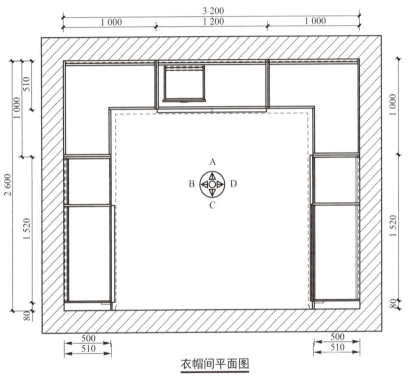

图 6-44　平面图

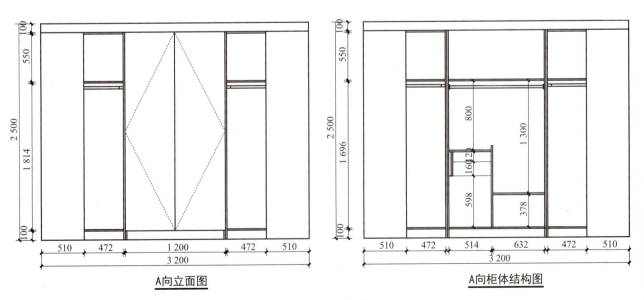

图 6-45　A 向柜体

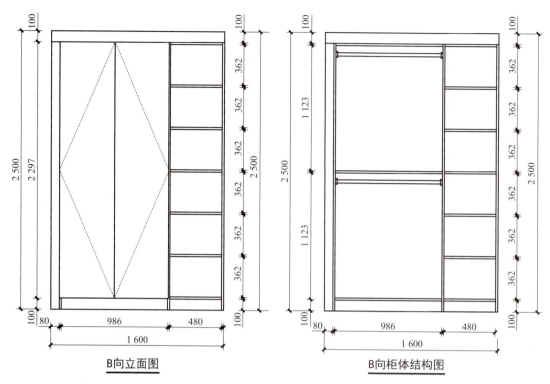

图 6-46 B 向柜体

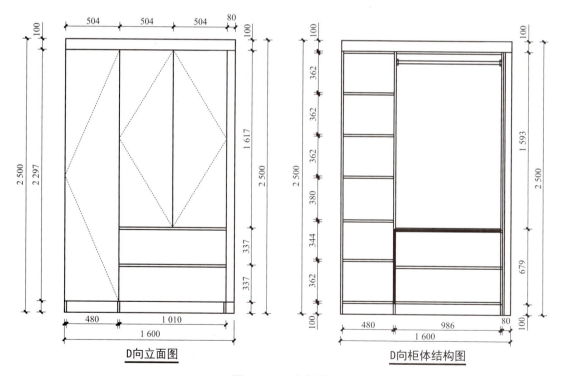

图 6-47 D 向柜体

四、三维家软件操作

（1）放置转角柜，如图 6-48 所示。

（2）完成 A 面衣柜设计，如图 6-49 所示。

图 6-48　转角柜　　　　　　　　图 6-49　A 面衣柜

（3）完成 B 面衣柜设计，如图 6-50 所示。
（4）完成 D 面衣柜设计，如图 6-51 所示。

视频：定制 U 形衣帽间设计

图 6-50　B 面衣柜　　　　　　　图 6-51　D 面衣柜

课后练习

客户需求：在图 6-52 中，以层高 2.8 m 设计一个到顶的 U 形衣帽间。需要男女分区，男性业主是商务高管，需要有可以收纳领带和手表的地方，女性业主是美术教师，对于颜色和收纳有很高需求；需要长、短衣物分区，挂衣服较多；需要有包、首饰陈列区；业主喜欢分类明确、色彩柔和的设计。

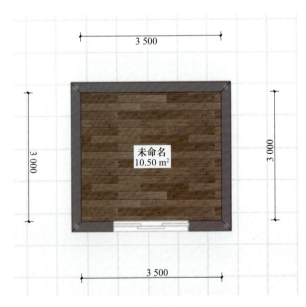

图 6-52　设计到顶的 U 形衣帽间

项目七 书房定制家具设计

PROJECT SEVEN

知识目标

1. 掌握书房空间定制柜体的人体工程学尺寸；
2. 认识书房空间柜体的构成，熟悉柜体结构部件。

技能目标

1. 能根据书房空间合理设计家具；
2. 能绘制书房空间不同种类家具三视图；
3. 能用三维家软件绘制书房家具效果图。

素质目标

1. 培养独立自主的创新能力；
2. 认识真实工作的严谨性规范性；
3. 培养良好的职业素养；
4. 培养团队合作能力。

任务一 书房家具设计基础

任务知识点

书房设计基本遵循四个原理：区域化、模块化、标准化、功能化。

1. **区域化**

根据书房中的空间规划，划分出三个主要区域：收藏区、阅读区、休息区（图7-1）。

2. **模块化**

将书房里的三个区域分别对应为三个模块，即收藏

图7-1 书房区域划分

区——书柜、阅读区——书桌、休息区——地台卡座，形成以下空间模块组合设计。

（1）U形书房方案一：书柜+书桌+卡座，如图7-2所示。

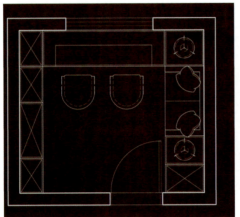

图7-2　U形书房方案一

（2）U形书房方案二：书柜+卡座+书桌，如图7-3所示。

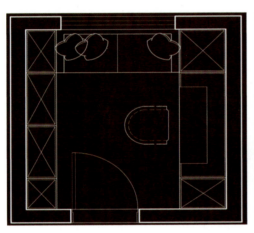

图7-3　U形书房方案二

（3）H形（平行）书房方案：书柜+书桌+卡座，如图7-4所示。

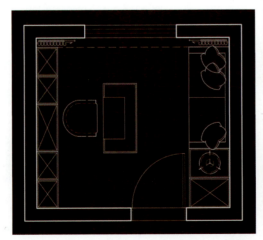

图7-4　H形（平行）书房方案

(4) T形书房方案：书柜＋书桌＋卡座，如图7-5所示。

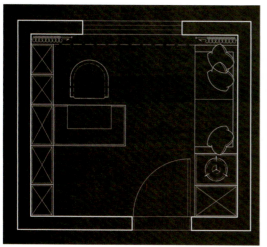 

图7-5　T形书房方案

(5) L形书房方案：书柜＋书桌＋卡座，如图7-6所示。

图7-6　L形书房方案

(6) F形书房方案：书柜＋书桌＋卡座，如图7-7所示。

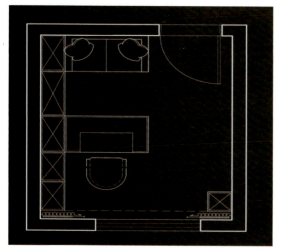 

图7-7　F形书房方案

3. 标准化

（1）根据人体工程学尺寸研究，所得单人书桌和双人书桌的常规尺寸范围见表 7-1，单人活动范围如图 7-8 所示。

表 7-1　书桌常规尺寸　　　　　　　　　　　　　　　　　　　mm

书桌	长度	宽度	高度
单人书桌	900～1 200	500～600	730～760
双人书桌	1 800～2 400	600～800	730～760

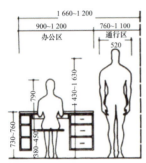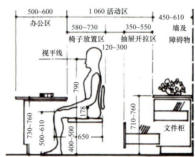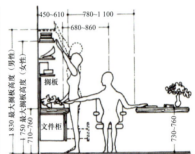

图 7-8　单人活动范围

（2）相关文件柜深度：450～610 mm；矮柜高度：710～760 mm；隔板高度：1 750～1 830 mm。

（3）单人通行区尺寸：760～1 100 mm；椅子放置区尺寸：580～730 mm；抽屉拉出区尺寸：350～550 mm。

4. 功能化

不同类型的书桌有不同的收纳方式，常见的有以下几种。

（1）书桌分区收纳抽屉。书桌分区收纳抽屉用于分类收纳办公学习用品，如图 7-9 所示。

（2）书桌上翻式收纳。上翻式设计使书桌造型显得更加简洁，如图 7-10 所示。

（3）书桌线路集成。书桌线路集成如图 7-11 所示。

图 7-9　书桌分区收纳抽屉　　　图 7-10　书桌上翻式收纳　　　图 7-11　书桌线路集成

任务拓展

按组合形式分类，书柜+书桌有三种形式："一"字形、"L"形、"T"形，如图 7-12～图 7-14 所示。

一般为了安装方便，书桌部分是独立柜体，然后把书柜安装在书桌台面上。

图 7-12　"一"字形　　　　图 7-13　"L"形　　　　图 7-14　"T"形

课后练习

尝试使用 AutoCAD 设计出三种以上书房定制方案。

任务二　定制独立式书柜设计

任务知识点

一、定制独立式书柜的类型

1. 无门，纯框架

纯框架不带门的书柜看上去有点像博古架，这种结构设计起来比较简单，不用考虑柜子和门的尺寸比例，也不用设计门的结构和颜色；其缺点是因为书柜没有带门，容易沾染灰尘，不容易清洁，如图 7-15 所示。

2. 下面模压门，上面无门

下面带门的部分可以用来存储书籍，也可以用来存放其他物品，上面无门的部分通常用来放书或放置一些其他装饰品，如图 7-16 所示。

3. 下面模压门，上面玻璃门

下面模压门，上面玻璃门书柜如图 7-17 所示。

图 7-15　无门，纯框架书柜

图 7-16　下模压门，上面无门书柜　　　　图 7-17　下模压门，上面玻璃门书柜

二、书柜的尺寸设计原则

（1）高度：书柜的高度正常在 2.4 m 以内，受到定制板材的高度限制，超过 2.4 m 就需要做成上、下两层。

（2）层板间距：层板间距一般设计为 320 mm 和 250 mm 两种。320 mm 高度的空间用来放大型书籍，250 mm 高度的空间用来放小型书籍，如有必要，也可设计多个 350 mm 高度的空间，用来放一些较大的文件夹、档案盒等。

（3）深度：带门书柜深度正常设计成 300 mm 深度，平开门为 20 mm，背板为 9 mm，剩下的空间为 270 mm 左右。不带门书柜可以设计成 250 mm 深度。这个深度足够放置大型书籍（大型书籍宽度为 210 mm），深度做得太大既浪费材料又浪费空间。

任务实施

一、任务分析

如图 7-18 所示，进行书房设计，业主夫妻二人从事教育行业，故书房需要有常规书籍和理论书籍的储藏空间，也需要有放收藏品和奖杯的位置，充分利用空间。

二、操作步骤

（一）绘制三视图

绘制书柜三视图，如图 7-19 所示。

图 7-18　设计书房

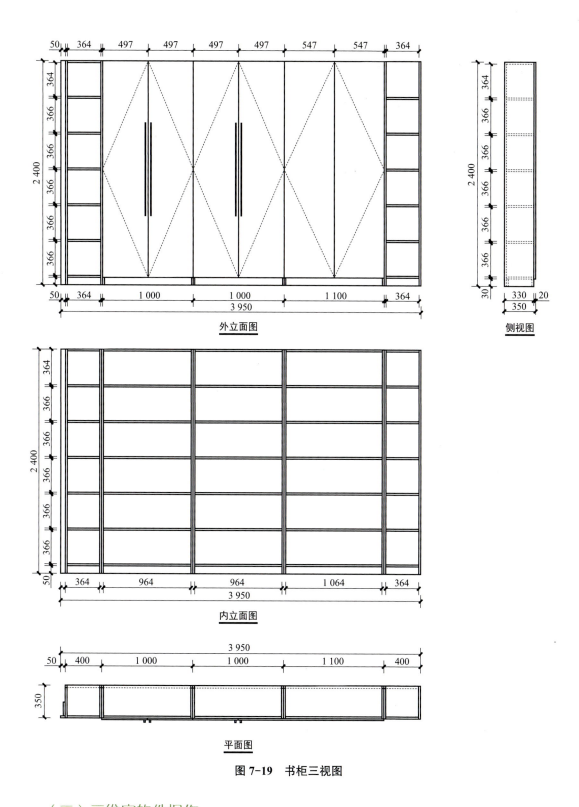

图 7-19 书柜三视图

(二) 三维家软件操作

（1）创建书柜框架并设计好内部层板数量，在定制系统柜界面设置合适尺寸，如图 7-20 所示。

（2）生成书柜柜门，可一部分为封闭门，一部分为半开放玻璃门，还可以做开放格设计，并调整好材质，如图 7-21 所示。

图 7-20　书柜框架　　　　　　图 7-21　书柜柜门

任务拓展

一、书本常见尺寸

精装成品书籍尺寸如图 7-22 所示。

16 K：260×185 mm；大 16 K：297×210 mm；32 K：184×130 mm；大 32 K：204×140 mm；64 K：130×92 mm。

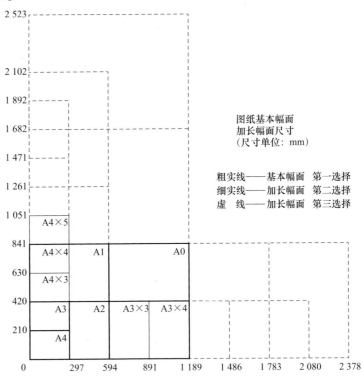

图 7-22　精装成品书籍尺寸

视频：定制独立式书柜设计

二、书柜空间尺寸安排

设计书柜时，可以从上到下设计，也可以从下到上设计。从上到下设计时，按照书的大小分好每层的高度之后，剩下的下面部分做储物空间。从下到上设计时，先定好下面储物空间的高度，再将剩下的空间按书的大小来分层设计。书柜层板跨度建议不要超过 500 mm，以防止上面书放得太多时层板产生弯曲变形。

课后练习

如图 7-23 所示,设计一间书房。设计要求:需要一个到顶的书柜,书桌单独购买,希望色调大气简单,造型简洁实用。

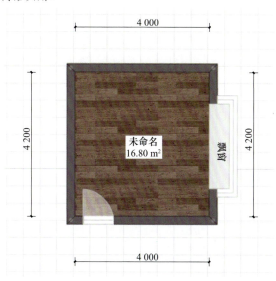

图 7-23 设计书房

任务三 定制直角书桌组合设计

任务知识点

一、定制直角书桌组合设计尺寸

单人直角书桌尺寸如图 7-24 所示。

(1)柜身深度一般为 300 mm,不带门最薄不小于 250 mm,书本质量较大,所以在设计层板跨度时不宜超过 500 mm。

(2)书桌台面深度为 500 ~ 600 mm,高度为 750 ~ 780 mm,除非客户要求,一般书桌长度不小于 800 mm。

(3)抽屉如果安装在台面正下方,为了防止撞膝盖,抽屉面板高度应该控制在 120 mm 左右。

(4)"一"字形多功能组合书柜中间留空位置不宜小于 450 mm,否则压抑感会比较强。

(5)当插座在台面以上时需注意插座底部离台面不宜小于 50 mm,当插座在台面以下时需要在台面上开线盒孔。

(6)书桌背板一般为 18 mm 厚,如果需要做落地且需要前移 20 mm,一般情况下不建议完全落地,这样背板不需要前移,同时比较节约板材。

图 7-24 单人直角书桌尺寸

二、常规设计注意事项

（1）装饰品区域需要根据要放置的饰品尺寸设计，但同样要考虑受力。

（2）不常用的书籍一般放在上方，如果担心虫蛀或落灰可以装门。

（3）设计整面玻璃柜门时要注意玻璃门板在运输过程中玻璃可能会损坏，所以最好控制在1 600 mm以内。

（4）书桌两侧板之间的跨度应控制在1 200 mm以内，如果客户需要做超过1 200 mm的台面，应在柜体下面装抽屉柜作为支撑。

（5）书桌台面不靠墙的角要进行倒圆，一般圆角尺寸为 $R=30$ mm。

任务实施

一、任务分析

图7-25所示空间为一个儿童房，需要一个组合式书柜书桌，使用者为一个8岁的小女孩。希望尽量培养小朋友具有良好的独立学习的习惯。

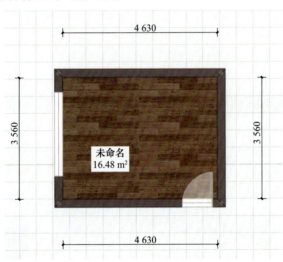

图7-25　设计儿童房组合式书柜书桌

二、操作步骤

（一）明确客户需求

该空间是儿童房，需要一个单人书桌，即兼具收纳书籍和学习的功能。

（二）绘制设计图

绘制书柜书桌三视图，如图7-26所示。

（三）画图细节规范

（1）当柜体左、右结构、深度不一致时，需要画左、右侧视图。

（2）当上、下柜深度不一致时，要分别画出上、下柜的平面图。

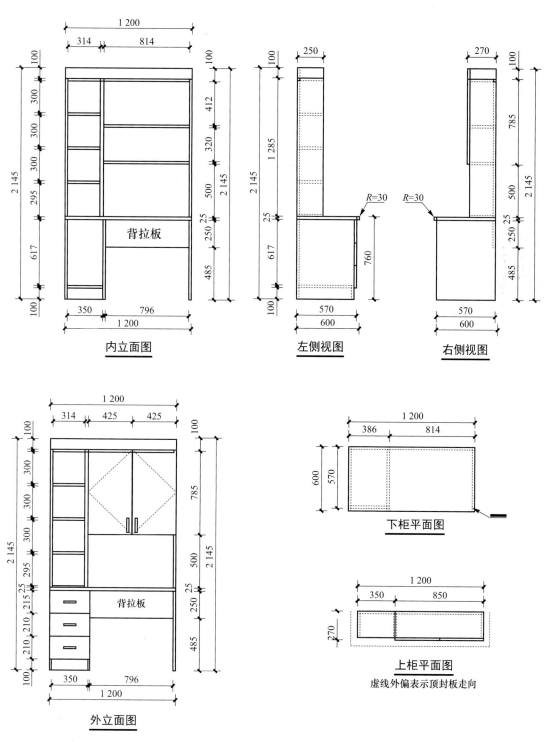

图 7-26 书柜书桌三视图

（四）三维家软件操作

（1）创建书桌结构，如图 7-27 所示。

（2）创建桌上书柜，如图 7-28 所示。

（3）完善顶封板及门板的造型、材质，柜体材质，拉手造型，如图 7-29 所示。

视频：定制直角书桌组合设计

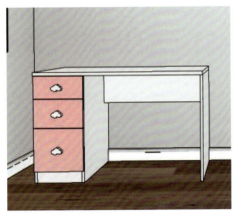

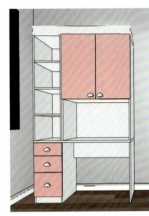

图 7-27　书桌结构　　　　图 7-28　桌上书柜　　　　图 7-29　完善细节

任务拓展

层板书柜安装工艺如下。

（1）层板架：根据不同板深度选配尺寸大小不一致的层板架，在几种结构中层板架最为牢固。

（2）层板托：小巧美观，安装原理与层板架一样且一般适用于左、右都是墙面的情况。

（3）层板夹（鱼嘴夹/鹰嘴夹）：受力一般，层板深度不能过大，不然会变形，安装后层板与墙体之间会有缝隙。

（4）螺丝杆：先在墙面钻孔，然后把膨胀螺栓打进墙面，在层板上钻孔后，把螺丝杆隐形支架装入层板，再固定于墙面。

层板书柜常用五金如图 7-30 所示。

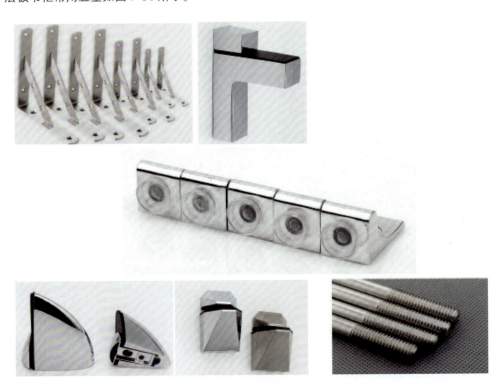

图 7-30　层板书柜常用五金

课后练习

根据图 7-31 设计一个书柜与书桌。

客户需求如下。

（1）储书量大，需要供两个人办公的台面，一个人使用台式计算机，一个人使用笔记本电脑。

（2）笔记本电脑为 13.5 寸，台式计算机为 22.5 寸。

（3）拿取方便，容易清洁。

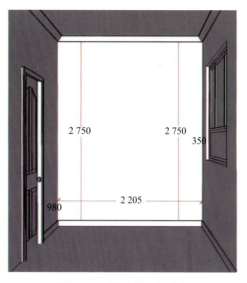

图 7-31　设计书柜与书桌 1

任务四　定制转角书桌组合设计

任务实施

一、客户需求

根据图 7-32 设计一个转角书桌，希望储存量较大，能够满足单人办公学习使用，业主主要使用台式计算机办公，偶尔使用笔记本电脑。

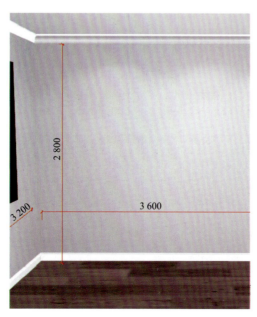

图 7-32　设计转角书桌

二、操作步骤

1. 绘制设计三视图

绘制转角书桌组合三视图,如图 7-33 所示。

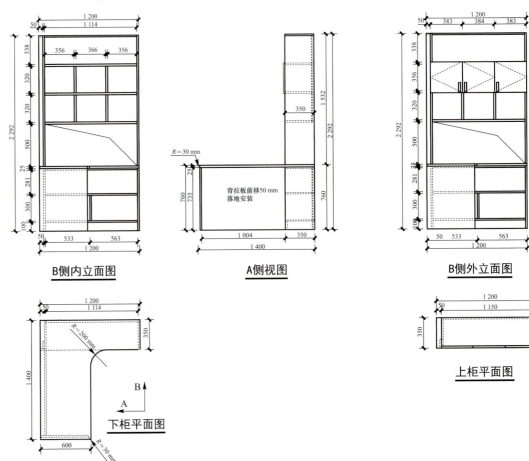

图 7-33 转角书桌组合三视图

2. 三维家软件操作

(1)创建转角书桌结构,如图 7-34 所示。
(2)创建桌上书柜结构,确定好内部层板设计,如图 7-35 所示。
(3)完善转角书桌的书柜柜门和细节,如图 7-36 所示。

图 7-34 转角书桌结构　　图 7-35 桌上书柜结构　　图 7-36 完善书柜柜门和细节

项目七 书房定制家具设计 111

任务拓展

转角书桌绘图细节规范如下。
（1）在平面图上先标注 A/B 面，然后在内立面上备注相对应面的立面名称。
（2）内立面被转角挡住的位置需要用虚线表示。

视频：定制转角书桌组合设计

课后练习

在图 7-37 中设计一个书柜与书桌。

客户需求：储书量大，需要足够两个人办公的空间，一个人使用台式计算机，一个人使用笔记本电脑。

图 7-37 设计书柜与书桌 2

任务五 定制榻榻米组合设计

任务知识点

一、榻榻米功能介绍

榻榻米为日文音译，常规家用榻榻米与日本榻榻米不同，因为生活习惯差异，常规家用榻榻米用来储藏或作为休闲区域，常在面积较为紧凑的户型中出现。

榻榻米的功能：收纳过季衣物、过季家居用品、行李箱、榻榻米坐垫/抱枕。

二、榻榻米的尺寸设计原则

（1）榻榻米是由多个普通单元柜组成的，单个柜体尺寸需在 800 mm×800 mm 以内，高度一般为 300～1 200 mm，如图 7-38 所示。

（2）榻榻米也有升降台功能，常见有气动、手动、电动三种，台面大小区间为 600 mm×600 mm～900 mm×900 mm，若台面过大，台面在升降过程中会有晃动，安装升降台的榻榻米建议高度为 350～600 mm，如图 7-39 所示。

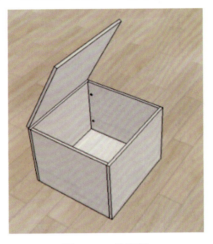

图 7-38　单元柜

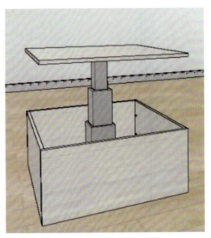

图 7-39　升降台

任务实施

一、任务分析

根据图 7-40 设计一个榻榻米。

该房间是一个 6 岁小男孩的房间，要求榻榻米与飘窗齐平，能放 1.5 m 的床垫、棉被与 20 寸行李箱，以及一些过季衣物。

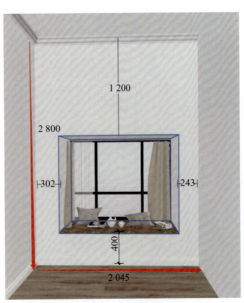

图 7-40　设计榻榻米

二、操作步骤

（一）绘制三视图

绘制榻榻米三视图，如图 7-41 所示。

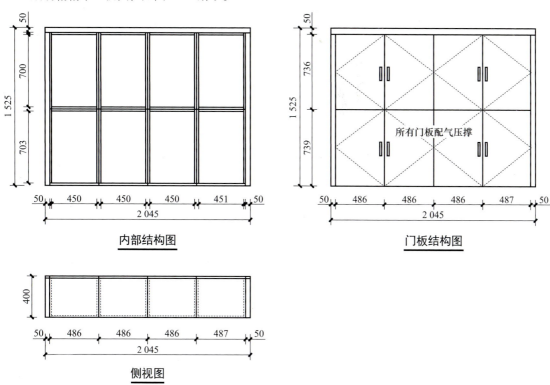

图 7-41　榻榻米三视图

（二）三维家软件操作

（1）前后和左右放置榻榻米封板，见光面不用封板，如图 7-42 所示。
（2）设计好一个单元柜的尺寸，并放置榻榻米单元柜，如图 7-43 所示。
（3）设计好榻榻米的门扇数量，更改材质，完善细节，如图 7-44 所示。

视频：定制榻榻米组合设计

图 7-42　放置榻榻米封板

图 7-43 放置榻榻米单元柜

图 7-44 完善细节

任务拓展

一、榻榻米下单图纸绘制要求

（1）榻榻米图纸分为内部结构图、门板图、侧视图（特殊情况下需要画两个侧视图）。

（2）柜体为独立侧板，门板必须为外盖门板。

（3）可以根据门板大小或气压撑受力情况选择一个门一个气压撑或两个气压撑。

（4）拉手方向一定要方便使用。

二、异形榻榻米测量方法

倒模（图 7-45、图 7-46）：常用牛皮纸或 A2 大小的白纸铺在异形区域，沿异形区域划线或折叠纸片，得到与异形榻榻米完全一致的模型，然后用 Auto CAD 画出图纸。

图 7-45 异形榻榻米外观

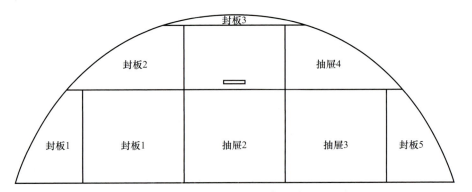
图 7-46 异形榻榻米组成

课后练习

根据图 7-47 设计一个榻榻米。

客户需求：该房间是一个 6 岁小男孩的房间；要求榻榻米与飘窗齐平，能放 1.5 m 的床垫、棉被、20 寸行李箱，以及一些过季衣物；需要做一个衣柜放置在榻榻米上，采用推拉门还是平开门由设计师自定，内部结构图设计师给出合理建议即可。需要书桌书柜，形式不限。下单图纸要求结构正确。

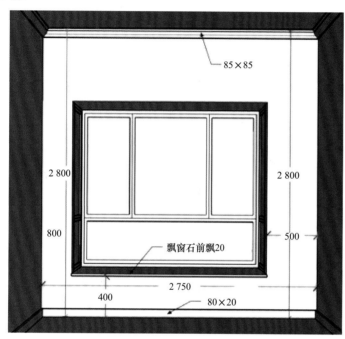

图 7-47　设计榻榻米

PROJECT EIGHT

项目八 厨房、卫生间定制家具设计

知识目标

1. 掌握厨柜的人体工程学尺寸；
2. 掌握卫生间浴室柜的人体工程学尺寸；
3. 认识厨柜的构成，熟悉厨柜结构部件；
4. 认识浴室柜的构成，熟悉浴室柜结构部件。

技能目标

1. 能根据不同空间合理设计厨柜、浴室柜；
2. 能绘制厨柜、浴室柜三视图；
3. 能用三维家软件绘制厨柜、浴室柜效果图。

素质目标

1. 认识真实工作的严谨性与规范性；
2. 培养一丝不苟、精益求精、遵纪守法的职业素养；
3. 培养良好的交流、沟通、团队合作能力；
4. 培养良好的学习习惯。

任务一 厨房、卫生间家具设计基础

视频：厨卫空间设计基础

任务知识点

一、厨房

（一）厨房构成元素

根据厨房的功能要求，厨房中的基本家具元素有地柜和吊柜。如果空间较大，可以放置冰箱、洗碗机、蒸箱等电器。厨柜作为主要的厨房定制家具非常重要。

（二）厨柜柜体构成

厨柜由地柜、吊柜、台面、踢角和基础五金组成（图8-1、图8-2）。

图8-1 定制厨柜构成

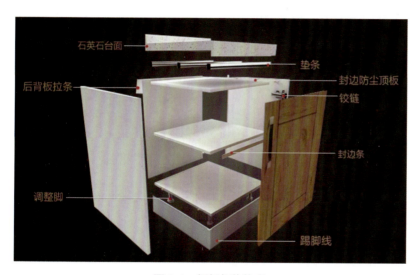

图8-2 橱柜柜体构成

（1）台面：按材质分为人造石台面、天然石台面、防火板台面、不锈钢台面。

（2）柜身：基础板包括侧板、背板、层板和面板等（特殊柜体无背板或面板），其中，防尘顶板建议不装，因顶面有台面覆盖；一些柜体无背板或顶板结构，需要加后背拉条做固定，增强受力。

（3）踢脚：可通过调节调整脚的高度达到橱柜台面平整，其作用与系统柜类似，因厨房需防水抗污而选用铝合金材质。

（4）基础五金：铰链和封边条与衣柜、系统柜基本一致，但有时橱柜的封板使用铝合金封边。

（三）厨房定制家具尺寸

厨柜尺寸要求如图8-3所示。

（1）吊柜标准不含门深度为300～350 mm，吊柜深度太大会使用户碰头而影响使用，另外由于杠杆作用，承重能力降低。吊柜标准高度为650～700 mm，吊柜下沿距地面一般为1 450～1 550 mm。

（2）地柜标准不含门深度为570 mm，若地柜背后要避开管道、灶台、水槽、消毒柜，地柜深度不能小于500 mm。地柜标准高度为650～700 mm，加上踢脚110 mm和台面40 mm，台面离地850 mm，若客户有特殊要求，可以做高度为600 mm、720 mm、780 mm的柜体。

(3)台面标准深度为 600 mm,台面靠墙处均有 50 mm 高、10 mm 宽的后挡水,不靠墙的边缘均有高 40 mm 的前裙,虽然部分公司在画图时不用画前裙与后挡,但是设计时却不可不考虑。有时为适应消毒柜和灶台,台面前裙也可以做成 60 mm 高度。

(4)餐桌或吧台高度要根据功能而定,确定是做成餐桌还是吧台,若为餐桌可做与台面等高,若为吧台一般比台面略高 100 ~ 150 mm 即可。

(5)单扇门板宽度一般为 400 ~ 450 mm。宽度若小于 350 mm,比例不够美观;大于 550 mm,门板太重。单扇门板高度最大尺寸为 2 400 mm,特殊板材除外。超过 1 600 mm 时加门板拉直器,金属边框的门板除外。

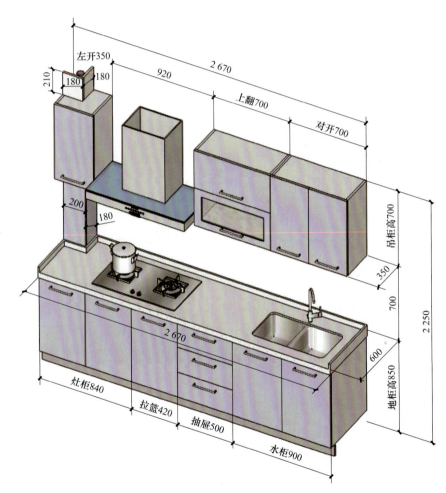

图 8-3　厨柜尺寸要求

二、卫生间

(一)卫生间构成元素

卫生间作为家庭中的生活辅助区,功能性很强,然而人们以前对卫生间的设计不够重视,设计极为不合理,概括为以下两个问题。

(1)缺少足够的台面(图 8-4)。

(2)没有足够的空间储藏清洁工具,储物空间严重不足(图 8-5)。

图 8-4　缺少足够的台面

图 8-5　缺少储藏空间

因此，合理的动线设计和优化储物功能显得尤为重要，随着人们生活水平的不断提高，出现了浴室柜产品定制（图 8-6）。

定制卫浴的空间优点如下。

（1）空间合理利用最大化；
（2）储藏收纳最大化；
（3）与家庭风格整体统一；
（4）美观大方；
（5）个性定制。

图 8-6　卫生间合理布局

（二）卫生间设计分区

（1）卫生间通常可分为四个功能区——洗漱区、如厕区、洗衣区、洗浴区，其中洗浴区不做浴室柜设计（图 8-7）。

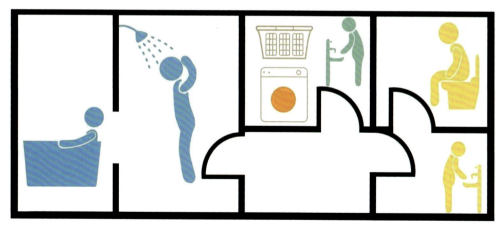

图 8-7　卫生间功能分区

（2）图 8-8 是常见的卫生间平面图，通过分析卫生间可利用的储藏位置，可找到以下可用空间。

①洗手盆的上、下方空间；
②坐便器后方；
③边角空间；
④闲置空间。

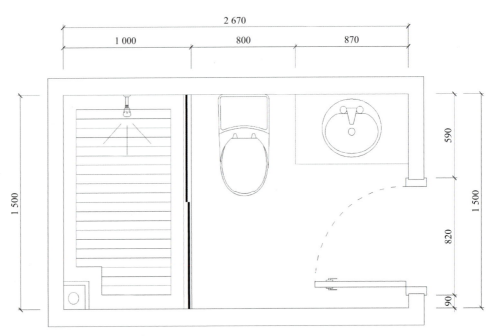

图 8-8 卫生间平面图

(三)卫生间定制家具尺寸

1. 盥洗区设计要点

盥洗区布置如图 8-9 所示。

(1)镜柜:镜箱柜门不宜过窄,在 600 mm 以上为宜,或设计成子母门镜、推拉门镜,厚度不宜过大,以在 300 mm 以内为宜。

(2)洗手台下方:台下盆的下柜,在台下盆的区域可采用假门的形式,下方可留空。

(3)台面:台面不宜过深,以 460 ~ 650 mm 为宜,过深需要弯腰前伸。

图 8-9 盥洗区布置

(4)侧柜:侧柜分大小,上方放置母婴用品等轻的大型物品;中间设置开放柜,放置毛巾、浴巾、吹风机、卷发棒等;下方设置拉篮或抽屉,放置备用的较沉的物品。

(5)手巾杆:避免与其他设备起冲突(如插座),靠近洗手池并注意高度。

2. 盥洗区定制产品尺寸

(1)落地式台盆柜(图 8-10):宽度一般不小于 700 mm;深度为 450 ~ 650 mm;高度为 800 ~ 850 mm。

(2)挂式台盆柜(图 8-11):宽度一般不小于 700 mm;深度为 450 ~ 650 mm;高度为 350/400/450/480 mm。

(3)吊柜尺寸:宽度为 150 ~ 400 mm;深度为 150 ~ 300 mm;高度为 350 ~ 1 800 mm。

(4)落地柜尺寸:宽度不小于 150 mm;深度不小于 150 mm;高度为 350 ~ 2 400 mm。

3. 如厕区设计要点

如厕区布置如图 8-12 所示。

(1)坐便器的储藏形式:上方可设置物架或吊柜。

(2)纸巾盒:宜放置在马桶的右手侧墙,以便于拿取。

（3）侧边柜（图8-13）。

①侧边柜距离坐便器不宜过近，马桶位需留800 mm以上宽度的空间。

②马桶旁的柜身高度应便于置物与扶手（H=700～850 mm）。

③侧边柜可做开放柜或单推拉门。

图8-10　落地式台盆柜

图8-11　挂式台盆柜

图8-12　如厕区布置

图8-13　侧边柜

任务二　定制橱柜、吊柜设计

任务知识点

定制橱柜基本由地柜和吊柜两部分组成。

1. 地柜

地柜通常分为炉灶柜、功能柜、普通地柜、水槽柜等。

（1）炉灶柜：有背板，门板上需要开透气孔（考虑用气安全），如图 8-14 所示。

（2）功能柜：也叫作电器柜，不需要门板，如电器高度比柜体内孔低，需要装封板，背板上开插座孔（如果电器柜安装在炉灶下方需加隔热板），如图 8-15 所示。

（3）普通地柜：包括开门地柜、开放地柜、转角地柜、抽屉地柜，最常规的结构是由两块侧板、底板、背板、上/下拉条、门板和层板等构成，如图 8-16 所示。

（4）水槽柜：因水盆柜需考虑进水和排水功能，一般不需装背板，水盆根据安装位置不同分为台上盆与台下盆，如图 8-17 所示。

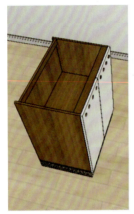   

图 8-14　炉灶柜　　　图 8-15　功能柜　　　图 8-16　普通地柜　　　图 8-17　水槽柜

2. 吊柜

吊柜通常分为开门吊柜、翻门吊柜、功能吊柜、开放吊柜等。

（1）开门吊柜：系统柜与吊柜结构一致（如吊柜需盖住煤气表，需在柜体上开透气孔），如图 8-18 所示。

（2）翻门吊柜：当门板大小无法与其他门相近时可以采用上翻门（注意要安装"随意停"气撑杆，否则门板上翻后高度过高，无法关闭门板），如图 8-19 所示。

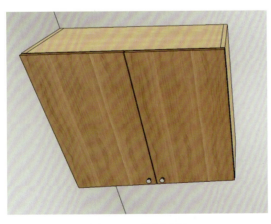 

图 8-18　开门吊柜　　　　　　　　　　图 8-19　翻门吊柜

（3）功能吊柜：无底板、顶板、背板，依靠背、顶拉条，与侧板固定门板安装，无储物功能，主要用来遮挡烟机或安放电器，如图 8-20 所示。

（4）开放吊柜：无门板，方便拿取常用物品，如图 8-21 所示。

图 8-20 功能吊柜

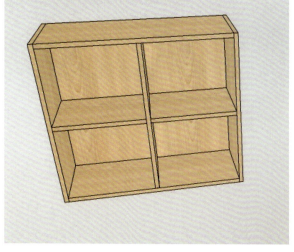
图 8-21 开放吊柜

任务实施

一、任务分析

以图 8-22 所示厨房户型为例设计橱柜，煤气开关及燃气热水器在阳台，冰箱在餐厅，因此不需要考虑，客户家的厨房需要油烟机、灶机、双盆水槽和较大的储物空间。

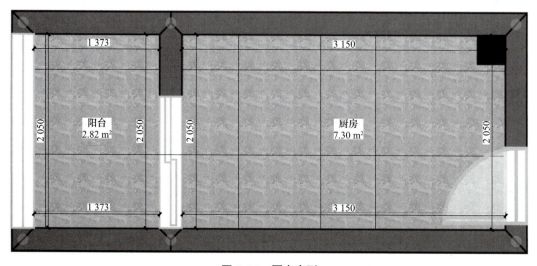
图 8-22 厨房户型

二、操作步骤

（一）客户需求

根据户型分析，客户家的厨房需要保留必要的通道，因此橱柜适合设计为"一"字形橱柜，首先绘制橱柜施工图（图 8-23）。

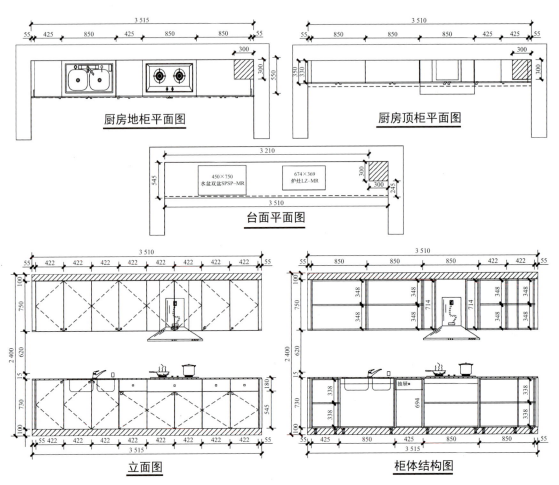

图 8-23　橱柜施工图

（二）三维家软件操作

（1）创建地柜，地柜包括炉灶柜、普通地柜、水槽柜等（图8-24）。

（2）创建吊柜，在设计地柜和吊柜时，需要注意地柜和吊柜尺寸对应，最好能保证所有柜门宽度相同（图8-25）。

图 8-24　创建地柜

图 8-25　创建吊柜

（3）安装踢脚线、顶角线及橱柜台面，并单击鼠标右键，结合整体方案修改柜体、柜门、拉手、台面等的样式和材质（图8-26）。

（4）修改完成柜体、柜门、拉手、台面等的样式和材质后添加饰品（图8-27）。

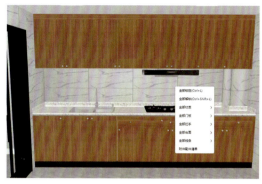

图 8-26 安装附件

图 8-27 橱柜成品

任务拓展

厨房里的物品是人们每天频繁接触的。拉篮具有较大的储物空间，可以合理地切分空间，使各种物品和用具各得其所。拉篮的设计不仅能最大限度地利用内置空间，还能充分利用拐角处的废弃空间，实现使用价值的最大化（图 8-28、图 8-29）。

图 8-28 抽屉拉篮

图 8-29 转角拉篮

课后练习

根据图 8-30 所示户型图完成三维家橱柜设计，厨房需要油烟机、灶机、双盆水槽和较大的储物空间。

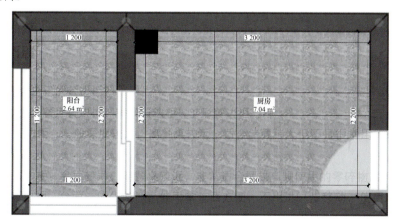

图 8-30 作业练习

任务三　定制浴室柜设计

任务知识点

定制浴室柜基本由地柜和吊柜两部分组成。

1. 地柜

地柜通常由洗衣柜、侧柜、水盆柜等组成。

（1）洗衣柜：以放置洗衣机为主，需要注意给水、排水的设计，如图 8-31 所示。

（2）侧柜：用于储纳部件，可单独放置，也可与主柜平齐，如图 8-32 所示。

（3）水盆柜：也叫作主柜，用于储纳部件，是直接与台盆或台面板接触配套的柜体，如图 8-33 所示。

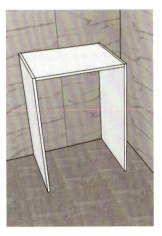 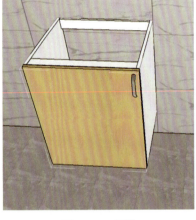 

图 8-31　洗衣柜　　　　图 8-32　侧柜　　　　图 8-33　水盆柜

2. 吊柜

吊柜通常由功能柜（如毛巾柜）和吊柜（如开门柜、镜柜）等组成。

（1）功能柜：包括毛巾柜（图 8-34）、梳妆柜、凳柜等功能性柜体。

（2）吊柜：包括开门柜（图 8-35）、开放柜（图 8-36）、镜柜（图 8-37）、抽屉柜、翻门柜等柜体。

 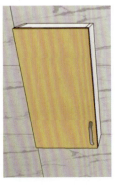  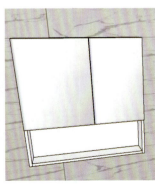

图 8-34　毛巾柜　　　图 8-35　开门柜　　　图 8-36　开放柜　　　图 8-37　镜柜

任务实施

一、任务分析

以图 8-38 所示户型图为例设计浴室柜,卫生间做了干湿分区,浴室柜放在干区,需要把洗衣机镶嵌在浴室柜中。

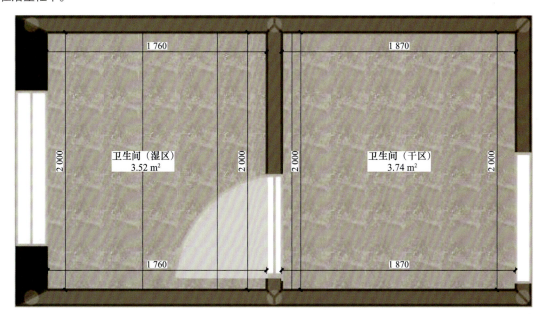

图 8-38　卫生间户型图

二、操作步骤

(一)客户需求

根据户型分析,客户家卫生间干区浴室柜适合做"一"字形布置,首先绘制浴室柜施工图(图 8-39)。

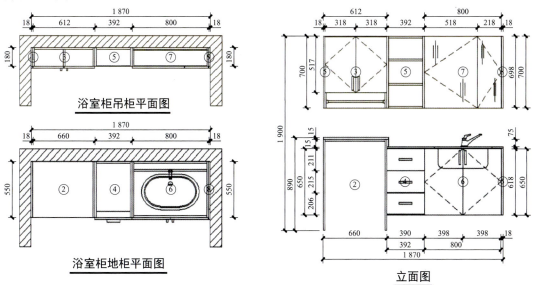

图 8-39　浴室柜施工图

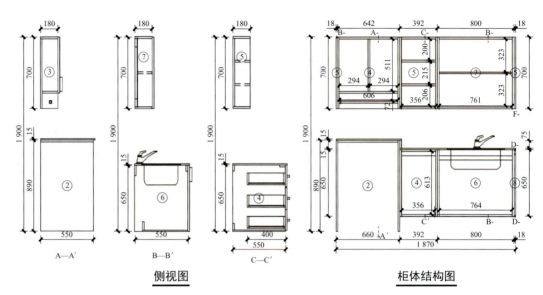

侧视图　　　　　　　　　　　　　柜体结构图

图 8-39　浴室柜施工图（续）

（二）三维家软件操作

（1）创建地柜，地柜包括洗衣机柜、抽屉柜、水盆柜等（图 8-40）。

（2）创建吊柜，在设计地柜和吊柜时，需要注意地柜和吊柜尺寸对应（图 8-41）。

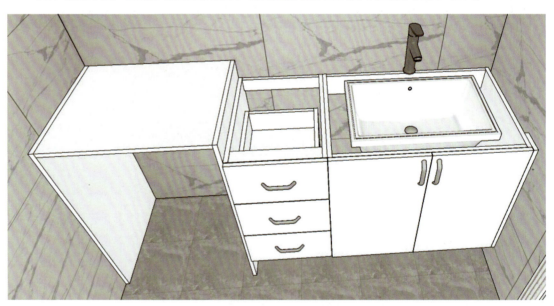

图 8-40　浴室柜地柜

（3）安装台面，调整台盆（图 8-42）。

（4）单击鼠标右键，结合整体方案修改柜体、柜门等的样式和材质（图 8-43）。

（5）修改完成柜体、柜门、拉手、台面等的样式和材质后添加饰品（图 8-44）。

图 8-41　浴室柜地柜 + 吊柜

图 8-42　安装浴室柜台面

图 8-43　调整浴室柜

图 8-44　为浴室柜添加饰品

任务拓展

一般定制卫浴家具重要的是在选材上下功夫，因为在不同的地域环境以及不同的气候因素下，客户的购买需求都不一样。浴室柜放置在一个多水的环境中，因此，在定制浴室柜的板材时，一定要注意其材质的防潮性。

现在许多浴室柜的质量与板材有非常大的关系，目前用来生产浴室柜的板材主要有实木板、大芯板、竹拼板、密度板、饰面板、细芯板、指接板、石膏板、密度板、三聚氰胺板、防水板、水泥板、免漆板、烤漆板等。由于卫浴间的环境非常潮湿，所以对于板材的防水性能要求非常高，现在许多消费者都青睐实木板，所以在进行定制时一定要注意实木的材质以及防水处理（图 8-45）。

在定制浴室柜时会使用非常多的五金配件，而五金配件决定着浴室柜的使用寿命，所以消费者在定制浴室柜时一定要与卫浴品牌企业协商，使用质量较好的卫浴配件产品，尤其是拉手、铰链等，都需要选择质量好的，以防止出现质量问题（图 8-46）。

图 8-45　落地浴室柜

图 8-46　悬空浴室柜

课后练习

根据图 8-47 所示户型图完成三维家浴室柜设计，要求有较大的储物空间。

图 8-47　作业练习

附 录
APPENDIX

附录一　其他空间定制家具设计

其他空间定制家具设计

附录二　全屋定制设计实战

全屋定制设计实战

附录三　三维家软件常用快捷键

三维家软件常用快捷键

参考文献

[1] 胡显宁，李金甲. 全屋定制家具设计［M］. 北京：中国轻工业出版社，2021.

[2] 湖北海天科技发展有限公司. 室内家具设计［M］. 武汉：中国地质大学出版社，2019.

[3] 国家市场监督管理总局，国家标准化管理委员会. GB/T 39016—2020 定制家具通用设计规范［S］. 北京：中国标准出版社，2020.

[4] 中华全国工商业联合会家具装饰业商会. JZ/T 1—2015 全屋定制家居产品［S］. 北京：中国标准出版社，2016.